钱荔 郝雯娟 张明霞 刘慧 顾亭亭 编著

电机与电力电子技术
实践教程

清华大学出版社
北京

内 容 简 介

本书立足于工程应用型人才培养目标,采用案例教学方式编写。全书内容共分4篇。第1篇和第2篇介绍电机和常用电力电子器件及基本变流拓扑的原理,并以 MATLAB/Simulink 为平台进行仿真验证与分析,目标是使初学者快速掌握电机、电力电子器件与变流电路的建模方法和仿真技巧。第3篇侧重电机的磁场分析,以 Ansoft/Maxwell 为平台,进行电机的有限元建模与仿真,使初学者快速掌握电机的 Ansoft/Maxwell 建模方法和仿真技巧。第4篇介绍简单开关电源设计实践,选取具有代表性的工程应用案例,使初学者初步具备电源设计与制作的能力。

本书配备大量实例和实践任务,针对性和操作性强,可以作为高等院校电气工程及其自动化、自动化专业实践课程教材。

图书在版编目(CIP)数据

电机与电力电子技术实践教程/钱荔等编著. —北京:清华大学出版社,2023.9
ISBN 978-7-302-64280-0

Ⅰ. ①电… Ⅱ. ①钱… Ⅲ. ①电机—教材 ②电力电子技术—教材 Ⅳ. ①TM3 ②TM1

中国国家版本馆 CIP 数据核字(2023)第 139107 号

责任编辑:王 欣
封面设计:常雪影
责任校对:欧 洋
责任印制:丛怀宇

出版发行:清华大学出版社
　　　　网　　　址:http://www.tup.com.cn,http://www.wqbook.com
　　　　地　　　址:北京清华大学学研大厦 A 座　　邮　　编:100084
　　　　社 总 机:010-83470000　　　　　　　　邮　　购:010-62786544
　　　　投稿与读者服务:010-62776969,c-service@tup.tsinghua.edu.cn
　　　　质量反馈:010-62772015,zhiliang@tup.tsinghua.edu.cn
印 装 者:三河市人民印务有限公司
经　　销:全国新华书店
开　　本:185mm×260mm　　印　张:13.75　　　　字　数:332 千字
版　　次:2023 年 9 月第 1 版　　　　　　　　印　次:2023 年 9 月第 1 次印刷
定　　价:58.00 元

产品编号:101923-01

编著者名单

主要编著者：钱荔　郝雯娟　张明霞　刘慧　顾亭亭

参与编著者：宋路程　罗耀强　李江　侯康　李伟伟　　　　　　　李庆华　王雅璐　张曦

前　言

电机是构成生产生活的重要元素,电机的设计与制造代表着一个国家的技术水平,关系国家的安全与发展。电力电子技术是对电能进行变换和控制的技术,应用于电机控制和电力领域。建模仿真分析是学习电机和电力电子技术的重要手段,目前有多种仿真软件,应用于电机控制和电机磁场分析的有 MATLAB 和 Ansoft/Maxwell,应用于电力电子技术领域的有 PSPICE、SABER、MATLAB 等,其中 MATLAB/Simulink 易于与控制系统相连接,可以自动生成代码,是进行电力电子电路及系统仿真以及系统开发的理想软件。

本书采用案例教学编写方式,分 4 篇,分别介绍了 MATLAB/Simulink 和 Ansoft/Maxwell 在电机及电力电子技术工程实践中的应用。第 1 篇电机基础特性研究,介绍电机的工作原理和特性,以 MATLAB/Simulink 为平台,搭建相应电机仿真模型,对电机的工作原理进行仿真验证与分析,通过实例使初学者快速掌握电机的 MATLAB/Simulink 建模方法和仿真技巧。第 2 篇电力电子器件特性与电能变换研究,介绍常用电力电子器件及基本变流拓扑,以 MATLAB/Simulink 为平台,搭建相应器件及变流器拓扑模型,对器件性能以及变流器拓扑进行仿真验证与分析,通过实例使初学者快速掌握电力电子器件与变流电路的 MATLAB/Simulink 建模方法和仿真技巧。第 3 篇电机磁场特性的有限元分析与实践,以电机为研究对象,侧重于电机的磁场分析,以 Ansoft/Maxwell 为平台,进行电机的有限元建模与仿真,并对仿真结果进行分析,通过实例使初学者快速掌握电机的 Ansoft/Maxwell 建模方法和仿真技巧。第 4 篇简单开关电源设计实践,选取具有代表性的工程应用案例,使初学者理论和实践结合,在学习前面章节内容的基础上进一步提升,巩固所学,积累设计经验。

本书中软件的应用背景只涉及电机及电源设计,并附有快速入门教程(操作步骤)。电机及电源设计部分实例教程从简单到复杂,由浅入深,循序渐进,层次清晰,图文并茂,使用者易上手。本书实例丰富,提供了大量的工程实践应用案例,内容涉及电机及电力电子技术的应用,包括电机、电源设计对应的所有实例的 MATLAB 模型,Ansoft/Maxwell 模型等。同时为满足教学需要,每章最后都设计了相应的思考与实践任务,有助于使用者将理论知识和专业应用紧密结合,为课程设计、学科竞赛、毕业设计打下一定基础。本书可以作为高等院校电气工程及其自动化、自动化专业实践课程教材。

本书由南京航空航天大学金城学院机电工程与自动化学院钱荔编写第 4 篇及第 2 篇第 5 章部分内容,郝雯娟、刘慧编写第 3 篇,张明霞编写第 1 篇的第 2、3 章和第 2 篇的第 7、8 章,顾亭亭编写第 1 篇的第 1、4 章和第 2 篇的第 5、6 章。

本书的编写工作还得到了新能源汽车、智能电网产业界专家的支持和帮助,如南京众控电子科技有限公司总经理张晏、南京易司拓电力科技股份有限公司正高级工程师罗耀强、南京海贝斯智能科技有限公司工程师宋路程等。他们在综合性工程实践案例的选择上,提供了许多宝贵的意见,确保了案例在满足实践教学的基础上,又符合实际生产需求,充分体现产教融合的特色,在此表示衷心的感谢。

另外,本书受到江苏省本科高校产教融合型品牌专业建设项目(电气工程及其自动化)以及江苏省一流专业建设项目(电气工程及其自动化、车辆工程)的支持。

由于作者水平有限,书中不足之处在所难免,敬请各位读者批评指正。

作　者

2023 年 3 月

目　录

第1篇　电机基础特性研究

第3篇 电机磁场特性的有限元分析与实践

第 4 篇 简单开关电源设计实践

第1篇　电机基础特性研究

第 **1** 章

单相变压器

1.1　实　践　背　景

变压器是一种静止的电气设备,是利用电磁感应原理来改变交流电压的装置,以满足不同负载的需要。其主要构件是初级线圈、次级线圈和铁芯(磁芯)。变压器的主要功能有电压变换、电流变换、阻抗变换、隔离、稳压(磁饱和变压器)等。变压器常用的铁芯形状一般为E形和C形。

单相变压器结构简单、体积小、损耗低,主要是铁损小,适宜在负荷密度较小的低压配电网中应用和推广。单相变压器与单相供电制是当前三相供电制的补充形式,由于其自身特性的约束,它只能应用于某些特定的领域。

由于单相变压器的结构简单,适合大批量的现代化生产,有利于提高产品质量和效益;适于引入新技术、新材料、新工艺,获得技术加分;由于其重量轻,可以灵活安装在电杆上使用,便于深入负荷中心,就近降压供电,提高供电质量。一般单相变压器在小范围内供电,发生故障的波及面小,利于提高供电可靠性。

1.2　实　践　目　标

(1) 掌握单相变压器的原理和运行特性。

(2) 通过空载实验和短路实验测定变压器的变比和参数。

(3) 通过负载实验测取变压器的运行特性。

1.3　单相变压器

1.3.1　单相变压器的工作原理

变压器的工作过程就是"电生磁、磁生电"的过程。如图 1-1 所示,单相变压器的初级(一次)线圈和次级(二次)线圈共同绕在一个铁芯上,当一次线圈两端被施加交流电压 U_1 后,在铁芯中产生交变磁通,这个磁通穿过一次绕组和二次绕组,根据电磁感应定律,在一次绕组和二次绕组中分别产生感应电势 E_1 和 E_2。

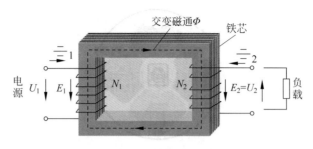

图 1-1 单相变压器

1.3.2 实践内容

（1）单相变压器的 MATLAB 建模和模型参数设置。

（2）观察、记录仿真结果并对仿真结果进行分析。

1.3.3 仿真过程与分析

1. 空载实验

按图 1-2 在 MATLAB/Simulink 中搭建仿真电路。查找资料，输入实际器件参数，如图 1-3 和图 1-4 所示。调节交流电源（AC Voltage Source）的参数，使变压器一次侧电压 $U_0 = 1.2 U_{1N}$（55V）；逐次降低电源电压，在（$1.2 \sim 0.5$）U_{1N} 的范围内，测取变压器的 U_0、

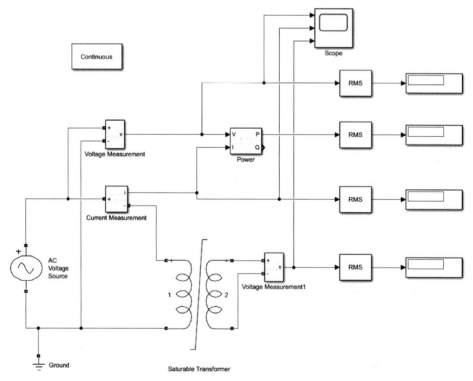

图 1-2 单相变压器空载实验仿真电路

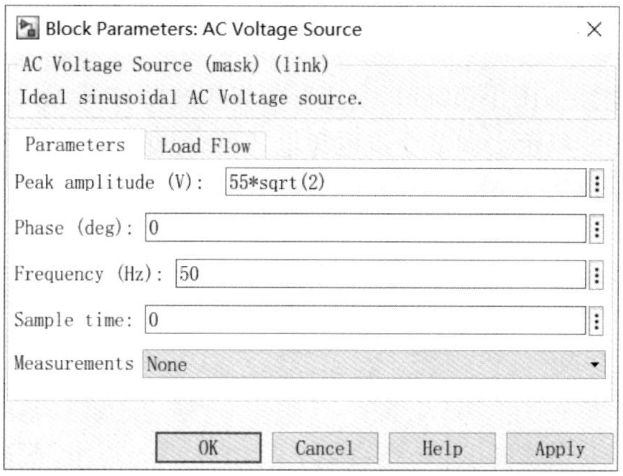

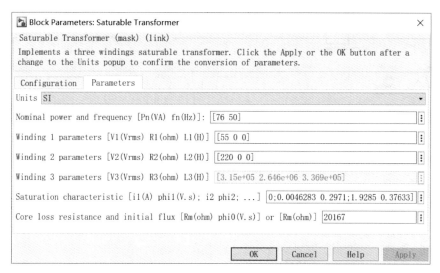

图 1-3 空载实验交流电源参数设置对话框

图 1-4 空载实验变压器参数设置对话框

I_0、P_0，共测取 7 组数据并记录于表 1-1 中。其中 $U_0 = U_{1N}$ 的点必测，且在该点附近测的点应密些。

表 1-1 单相变压器空载实验记录表格

序 号	实 验 数 据				计算数据
	U_0/V	I_0/A	P_0/W	U_2/V	$\cos\varphi_0$
1	66				
2	60				
3	55				
4	50				
5	45				
6	40				
7	35				

2．短路实验

短路实验的仿真电路如图 1-5 所示，变压器的高压线圈接电源，低压线圈直接短路。变压器的参数设置如图 1-6 所示。调节交流电源电压值，使短路电流等于 0.38A，然后逐次降低输入电压，测取变压器的 U_K、I_K、P_K，共测取 5 组数据并记录于表 1-2 中。

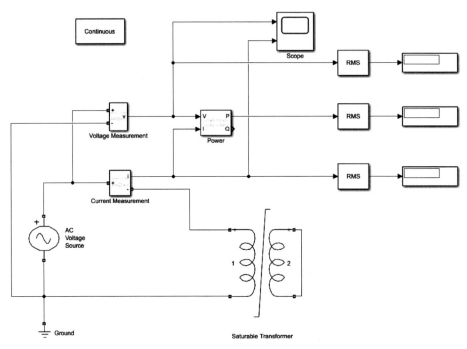

图 1-5 变压器短路实验仿真电路

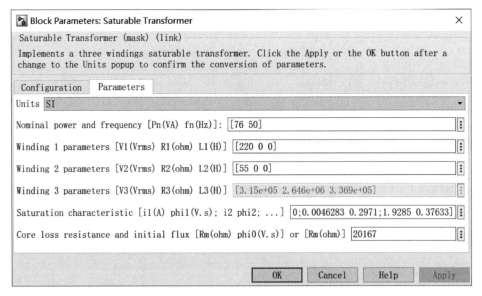

图 1-6 短路实验变压器参数设置对话框

表 1-2 单相变压器短路实验记录表格

序　　号	实 验 数 据			计算数据
	U_K/V	I_K/A	P_K/W	$\cos\varphi_K$
1		0.380		
2		0.345		
3		0.311		
4		0.276		
5		0.242		

3．负载实验

负载实验的仿真电路如图 1-7 所示。变压器的低压线圈接电源,高压线圈接负载,负载类型选择电阻 R,如图 1-8 所示。设置交流电源参数,使输入电压为 55V。在保持 U_{2N} 不变的条件下,减小负载电阻 R 的值,从额定负载到空载的范围内,测取变压器的输出电压 U_2 和电流 I_2,共测取 5 组数据并记录于表 1-3 中,其中 $I_2=0A$ 和 $I_2=0.345A$ 两点必测。

表 1-3 $\cos\varphi_2=1,U_1=55V$ 时负载实验数据记录表

序　　号	U_2/V	I_2/A
1		
2		
3		
4		
5		

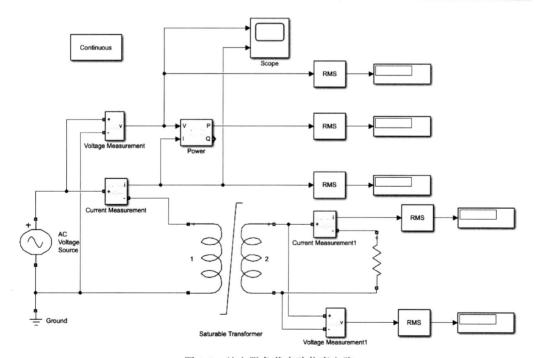

图 1-7 纯电阻负载实验仿真电路

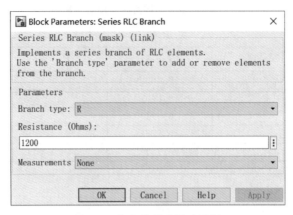

图 1-8　负载类型选择对话框

1.3.4　思考与实践

（1）计算变比。

由空载实验测得的变压器一次侧电压 U_{AX} 和二次侧电压 U_{ax} 分别计算出变比，然后取其平均值作为变压器的变比 K（$K = U_{AX}/U_{ax}$）。

（2）绘出空载特性曲线，计算激磁参数。

（3）绘出短路特性曲线，计算短路参数。

（4）利用空载和短路实验测定的参数，画出被试变压器折算到低压侧的 T 形等效电路。

三相变压器的连接组特性测试

2.1　实　践　背　景

由于电力系统普遍采用三相制,因而要实现三相电压的变换,必须采用三相变压器。三相变压器的构成方式有两种:一种是由 3 台独立的单相变压器组成;另一种是三相绕组共用同一个铁芯。

对电力变压器,无论高压绕组还是低压绕组,我国标准规定只采用星形连接和三角形连接。把三相绕组的 3 个末端连在一起,而将它们的首端引出,便是星形连接,或简称 Y 连接(或 y 连接)。把一相绕组的末端和另一相绕组的首端顺序连接起来构成闭合电路,并将 3 个首端引出,便是三角形连接,简称 D 连接(或 d 连接)。

仅仅给出三相变压器高、低压绕组的连接方式并不能完全准确地表示出变压器的连接,这是因为在变压器并联运行时,变压器高、低压绕组的连接方式并不十分重要,重要的是高、低压绕组对应线电压之间的相位关系。只有当两台三相变压器的高、低压侧线电压之间的相位关系相同时,才可以并联运行。表征三相变压器绕组连接的另一个重要概念即连接组标号。

2.2　实　践　目　标

掌握三相变压器的连接组判定方法、仿真模型搭建和仿真结果分析,能分析三相变压器特性、具有解决三相变压器工作过程中出现的问题的能力。

2.3　三　相　变　压　器

2.3.1　三相变压器的连接组

三相绕组采用不同的连接方式时,高压侧的线电压与对应低压侧的线电压之间(例如 $\dot{U}_{AB}$ 与 $\dot{U}_{ab}$ 之间)可以形成不同的相位。为了表明高、低压对应的线电压之间的相位关系,通常采用"时钟表示法",即把高、低压绕组的两个线电压三角形的重心 O 和 o 重合,把高压侧线电压三角形的一条中线(例如 OA)作为时钟的长针,指向钟面的 12 点,再把低压侧线电压三角形中对应的中线(例如 oa)作为短针,它所指的钟点就是该连接组的组号。这样从

0 到 11 共计 12 个组号，每个组号相差 30°。例如，Yd11 表示高压绕组为星形连接，低压绕组为三角形连接，高压侧线电压滞后于低压侧对应的线电压 30°。

1. Yy 连接

当同一铁芯柱上的两个绕组为同一相的高、低压绕组时，根据同名端的不同，Yy 连接有两种不同接法，分别如图 2-1(a)和图 2-2(a)所示。其中，图 2-1(a)表示变压器高、低压绕组的同名端为首端，高、低压绕组对应的相电压相量为同相位，即 $\dot{U}_A$ 与 $\dot{U}_a$ 同相位，$\dot{U}_B$ 与 $\dot{U}_b$ 同相位，$\dot{U}_C$ 与 $\dot{U}_c$ 同相位，相量图如图 2-1(b)所示。相应地，高、低压侧对应的线电压亦为同相位，即 $\dot{U}_{AB}$ 与 $\dot{U}_{ab}$ 同相位，$\dot{U}_{BC}$ 与 $\dot{U}_{bc}$ 同相位，$\dot{U}_{CA}$ 与 $\dot{U}_{ca}$ 同相位。若将高压侧和低压侧两个线电压三角形的重心 O 和 o 重合，并使高压侧三角形的中线 OA 指向钟面的 12 点，则低压侧对应的中线 oa 也指向 12 点，从时间上看为 0 点，故该连接组的连接组标号为 0，连接组记为 Yy0。与图 2-1(a)相比，图 2-2(a)所示绕组将首端由同名端变为异名端，此时高、低压绕组对应的相电压相量为反相，高、低压对应的线电压相量也为反相。若将高压侧和低压侧两个线电压三角形的重心重合，则从钟面上看，连接组变成 Yy6，相量图如图 2-2(b)所示。

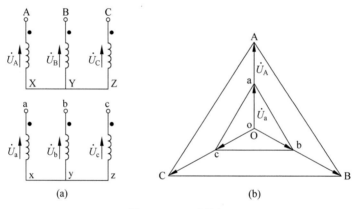

图 2-1 Yy0 连接组

(a) 绕组连接图；(b) 高、低压侧电压相量图

实际上，同一铁芯柱上的两个高、低压绕组可以不是同一相的高、低压绕组，因此 Yy 连接经过变换，可以得到其他连接组标号的连接组。如图 2-1 所示，当高压侧的三相标号 A、B、C 保持不变时，把低压侧的三相标号 a、b、c 顺序改为 c、a、b，则低压侧的各相线电压相量将分别转过 120°，相当于指针转过 4 个钟点；若改为 b、c、a，则相当于指针转过 8 个钟点。同样对图 2-2，也可通过变化得到两个连接组标号 10 和 2。因而对 Yy 连接而言，可得到 0、2、4、6、8、10 这 6 个偶数连接组标号。

2. Yd 连接

在 Yd 连接中，当同一铁芯柱上的两个绕组为同一相的高、低压绕组，且同名端为首端时，根据低压侧三角绕组连接顺序（正接和反接）的不同，得到两种不同的连接组 Yd11 和 Yd1，分别如图 2-3 和图 2-4 所示。

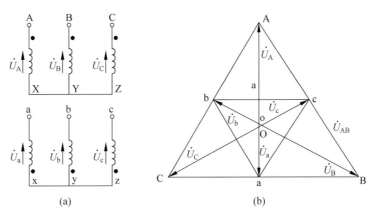

图 2-2 Yy6 连接组

（a）绕组连接图；（b）高、低压侧电压相量图

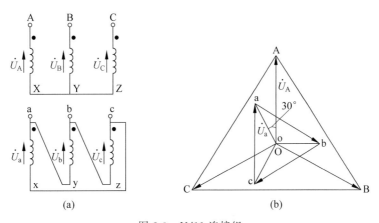

图 2-3 Yd11 连接组

（a）绕组连接图；（b）高、低压侧电压相量图

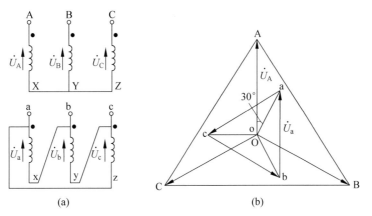

图 2-4 Yd1 连接组

（a）绕组连接图；（b）高、低压侧电压相量图

如果高压侧不变化,而只调整低压侧的同名端,则低压侧的相电压和线电压都反相,相当于指针转过 6 个钟点。如果把图 2-3 改为首端为异名端,则连接组变为 Yd5;如果把图 2-4 改为首端为异名端,则连接组变为 Yd7。

与 Yy 连接类似,对 Yd 连接也可以在高压侧的三相标号 A、B、C 保持不变时,逐步改变低压侧的三相标号,而得到 Yd 连接的其他连接组标号。例如,图 2-3 的高压侧三相标号 A、B、C 保持不变,低压侧的三相标号 a、b、c 顺序改为 c、a、b,则变压器连接组变为 Yd3。因此,对 Yd 连接而言,可得 1、3、5、7、9、11 这 6 个奇数连接组标号,而且每个 Yd 连接组有正接和反接两种连接方式。

2.3.2　实践内容

(1) 三相变压器连接组的 MATLAB 建模和模型参数设置。
(2) 三相变压器的连接组模型仿真。
(3) 观察、记录仿真结果并对仿真结果进行分析。

2.3.3　仿真过程与分析

1. 三相变压器的连接组常用模块

仿真模型中主要使用的元器件模块和提取路径如表 2-1 所示。

表 2-1　三相变压器的连接组仿真常用模块

元件名称	提取路径
三相电源	Simscape/Electrical/Specialized Power Systems/Fundamental Blocks/Electrical Sources/Three-Phase Source
三相变压器	Simscape/Electrical/Specialized Power Systems/Fundamental Blocks/Elements/Three-Phase Transformer 12 Terminals
电压表	Simscape/Electrical/Specialized Power Systems/Fundamental Blocks/Measurements/Voltage Measurement
信号合成器	Simulink/Signal Routing/Mux
增益模块	Simulink/Commonly Used Blocks/Gain
波形显示器	Simulink/Commonly Used Blocks/Scope
数值显示器	Simulink/Sinks/display
XY 轴绘图	Simulink/Sinks/XY Graph
公共节点	Simscape/Electrical/Specialized Power Systems/Fundamental Blocks/Elements/Neutral
电力系统图形界面	Simscape/Electrical/Specialized Power Systems/Fundamental Blocks /powergui

2. Yy12 连接组的建模与仿真

Yy12 连接组仿真模型如图 2-5 所示。图中主要包括三相 12 端子的线性变压器 (Three-Phase Transformer 12 Terminals)模块、三相电源(Three-Phase Source)模块和增益(Gain)模块。为了能够更好地比较一次侧电压和二次侧电压的相位关系,将两个电压信号通过信号合成器(Mux)后输出给示波器,这样在示波器中两个波形能够在同一个窗口中显示。增益模块将一次侧的电压测量值按照变压器的变比缩小,便于在示波器中比较幅值。仿真模型中使用了一个 XY 轴绘图(XY Graph),输出图形以其中的 X 输入为横轴,以其中的 Y 输入为纵轴。

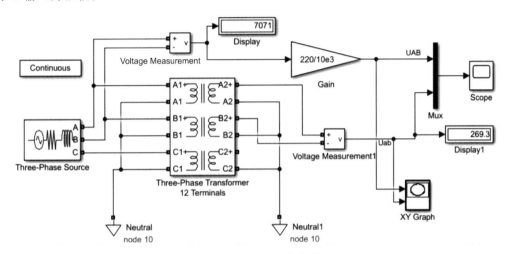

图 2-5 Yy12 连接组仿真模型

三相 12 端子变压器模块对外部电路提供了 12 个可用端子,可以连接成不同的连接组别。三相变压器模块参数设置如图 2-6 所示。参数包括:三相额定功率和频率[Three-phase rated power(VA) Frequency(Hz)];一次侧绕组参数,有相电压有效值、电阻标幺值和电抗标幺值{Winding 1:[phase voltage(Vrms) R(pu) X(pu)]};二次侧绕组参数,有相电压有效值、电阻标幺值和电抗标幺值{Winding 2:[phase voltage(Vrms) R(pu) X(pu)]};励磁分支的阻抗参数{Magnetizing branch:[Rm(pu) Xm(pu)]}。

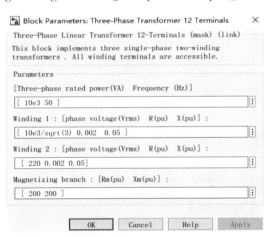

图 2-6 三相变压器模块参数设置对话框

三相电源模块参数设置如图 2-7 所示。三相电源模块内部含有串联的阻抗分支,其模块内部可设置的参数包括:线电压(Phase-to-phase voltage);A 相初始角(Phase angle of phase A);频率(Frequency)。

运行该模型可得到三相变压器一次侧线电压和二次侧线电压波形(如图 2-8 所示)和李萨

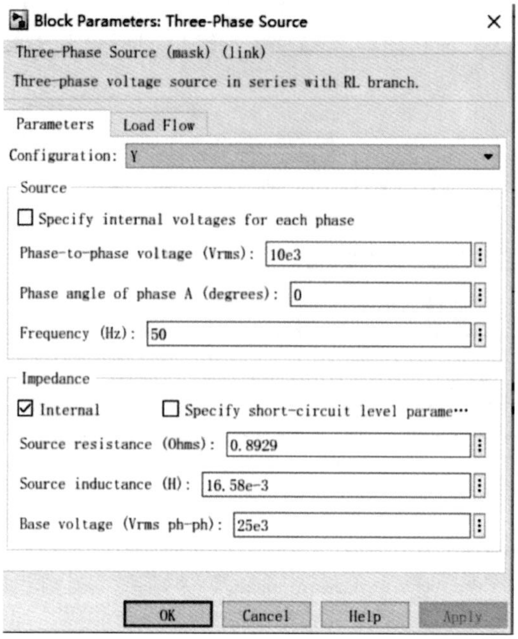

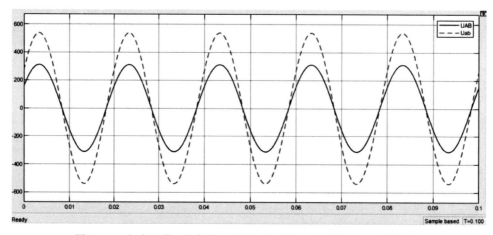

图 2-7　三相电源模块参数设置对话框

如图形(如图 2-9 所示)。从图 2-8 可以看出一次侧线电压和二次侧线电压的相位相差 0°。

图 2-8　三相变压器一次侧线电压和二次侧线电压波形(Yy12 连接组)

3. Yy6 连接组的建模与仿真

Yy6 连接组仿真模型如图 2-10 所示。Yy6 连接组仿真模块中的元件参数设置同 Yy12 连接组。

仿真算法选择"ode45",仿真开始时间为 0s,结束时间为 0.1s。运行该模型可得到三相变压器一次侧线电压和二次侧线电压波形(如图 2-11 所示)和李萨如图形(如图 2-12 所示)。从图 2-11 可以看出一次侧线电压和二次侧线电压的相位相差 180°。

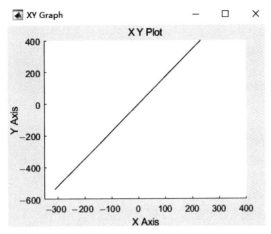

图 2-9　三相变压器一次侧线电压和二次侧线电压李萨如图形（Yy12 连接组）

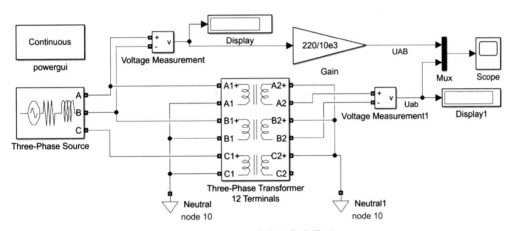

图 2-10　Yy6 连接组仿真模型

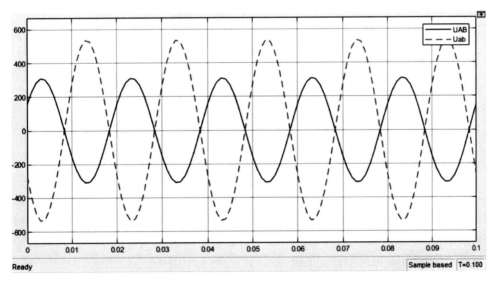

图 2-11　三相变压器一次侧线电压和二次侧线电压波形（Yy6 连接组）

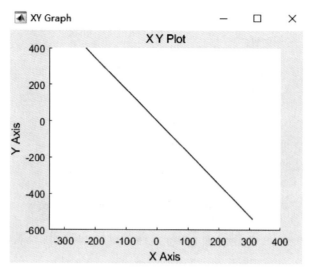

图 2-12　三相变压器一次侧线电压和二次侧线电压李萨如图形（Yy6 连接组）

4. Yd11 连接组的建模与仿真

按照 Yd11 绕组连接图和表 2-1 中元件的提取路径，找到模型需要的元件后，放置到仿真编辑窗口中，连线后得到 Yd11 连接组仿真模型（如图 2-13 所示）。Yd11 连接组仿真模块中的元件参数设置同 Yy12 连接组。

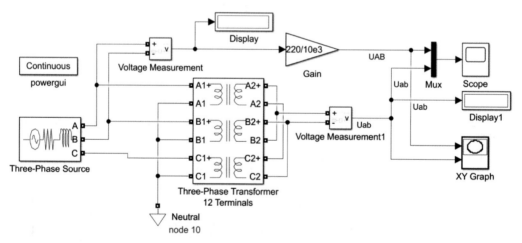

图 2-13　Yd11 连接组仿真模型

仿真算法选择"ode45"，仿真开始时间为 0s，结束时间为 0.1s。仿真结果如图 2-14 和图 2-15 所示。图 2-14 给出了变压器的一次侧线电压和二次侧线电压波形，通过一次侧线电压和二次侧线电压波形的对比，可以清楚地看出一次侧线电压和二次侧线电压的相位关系和幅值关系，两者电压的相位相差 30°。不同连接组别的变压器由于一次侧线电压的相位差不同，其李萨如图形的形状也不同。

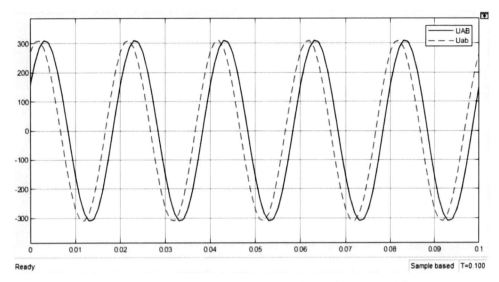

图 2-14　三相变压器一次侧线电压和二次侧线电压波形（Yd11 连接组）

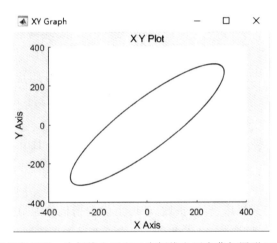

图 2-15　三相变压器一次侧线电压和二次侧线电压李萨如图形（Yd11 连接组）

2.3.4　思考与实践

（1）为什么要研究连接组？国家规定的标准连接组有哪几种？

（2）如何把 Yy12 连接组改成 Yy6 连接组以及把 Yd11 连接组改成 Yd5 连接组？

（3）试对 Yd1 连接组和 Yd5 连接组进行仿真。

第 **3** 章

三相异步电动机的特性研究

3.1 实 践 背 景

由于直流电动机的转速相较于交流电动机更容易控制和调节,因此交流调速系统在相当长的时期内性能都落后于直流调速系统。直流调速系统以其调速范围广、静差率小、稳定性好及具有良好的动态性能等优点,占据了很大的优势。但随着科学技术的不断发展,直流调速系统的缺点也逐渐显现。由于直流调速系统使用电刷和换向器,在电动机运行过程中易产生火花,对电动机寿命造成影响,且其维护工作量较大,最高转速、单机容量及使用环境等都受到一定的限制,因此应用范围较窄。而三相异步电动机由于自身结构的特点,制约了其自身的调速技术的发展,因此调速较为困难,这常作为它的一个缺点被提出。随着科学技术的发展,特别是电力电子和计算机技术的发展,交流调速系统取得了相当大的进展,并且正在逐步取代直流调速系统。

目前,异步电动机在国民经济的各行各业中运用极为广泛。例如,在工业方面,中小型的轧钢设备、各种金属切开机床、轻工机械、矿山上的卷扬机和通风机等都用异步电动机来拖动;在农业方面,水泵、脱粒机、损坏机和其他农副商品加工机械也都用异步电动机拖动。此外,在居民生活中异步电动机也用得较多,例如电扇、冷冻机、多种医疗机械等。随着新能源政策的大力推进,中国新能源产业已经进入高速发展阶段。而电动机作为电气化动力系统最主要的驱动力来源,其性能的好坏直接影响了车辆外在表现,因而是否拥有出色的电动机技术成为各大主机厂在新能源领域一分高下的关键。因此,异步电动机在各领域具有广泛的发展前景。

3.2 实 践 目 标

(1)掌握异步电动机的参数测试与特性仿真实验技能和结果分析能力,能够运用其解决电动机技术相关的复杂工程问题。

(2)掌握异步电动机常用的调速方法及其特点,具有分析和解决异步电动机运行问题的能力。

3.3　三相异步电动机的启动特性研究

3.3.1　三相异步电动机启动的基本原理

1. 直接启动

直接启动就是用刀开关或接触器把电动机直接接到具有额定电压的电源上。启动时,转差率 $s=1$,所以笼型感应电动机的启动电流就是额定电压下的堵转电流。该方法启动电流很大,一般启动电流达到额定电流的 5～7 倍,启动转矩为额定转矩的 2 倍左右。

直接启动法的优点是操作简单,无需很多的附属设备;主要缺点是启动电流较大。但是随着电网容量的增大,这种方法的适用范围将日益扩大。

2. 降压启动

在三相异步电动机启动时,为了减小启动电流,需降低定子电压,这就是降压启动。降压启动时,电磁转矩会随定子电压的降低而减小,因此降压启动适用于对启动转矩要求不高的场合空载或轻载启动。下面介绍三种常用的降压启动方法。

(1) 电抗器启动

在三相异步电动机启动时,将三相电抗器串接在定子回路中,启动后切除电抗器,转为正常运行,这种启动方式称为电抗器启动。

(2) 星-三角启动

启动时,将定子三相绕组连接成星形,接到额定电压的电源上;启动后,将其改成三角形连接作正常运行,这种启动方式称为星-三角启动(又称 Y-△ 启动)。显然,它只适用于正常运行时定子绕组采用三角形连接的电动机。采用星-三角启动时,启动电流减为原来的 1/3,而启动转矩也降低到原来的 1/3。此种启动方法的优点是所用启动设备简单,体积小,价格低,运行可靠,维护方便;缺点是启动电压只能降到额定电压的 $1/\sqrt{3}$,使启动转矩减小到原来的 1/3,故只可用于轻载启动的场合。

(3) 自耦变压器启动

启动时,把三相异步电动机定子绕组接在一台降压自耦变压器的二次侧,当转速升高到接近正常运行转速时,切除自耦变压器,把定子绕组直接接到额定电压的电源上继续启动,这种启动方式称为自耦变压器启动。

设自耦变压器的电压比为 K,与直接启动相比,自耦变压器降压启动法的电压降低到全压启动时的 K 倍,电网负担的启动电流降低到全压启动时的 K^2 倍,启动转矩也降低到全压启动时的 K^2 倍。

自耦变压器启动法的优点是不受电动机定子绕组接线方式的限制。此外,由于自耦变压器通常备有好几个抽头,故可按所需要的启动电流和启动转矩值进行选择。此法的缺点是设备费用较高。

3. 绕线转子三相异步电动机转子回路串电阻启动

绕线转子三相异步电动机的启动采用的是在转子回路中串联电阻的方法,启动时先将启动变阻器的电阻值调到最大位置,然后闭合电源进行启动,随着电动机转速的升高,将启动变阻器的电阻值逐步减小,直到转速接近额定值,再切除启动变阻器的全部电阻,而使转子回路直接短路。在转子回路中串电阻启动,一方面可使转子电流减小,从而减小启动电流;另一方面又可使转子回路的功率因数提高,从而增大启动转矩。

近年来,在绕线转子回路中串入频敏变阻器启动的方法得到了广泛应用。频敏变阻器的电阻值能随转子电流频率的降低而自动减小,这样就可以免去启动时的人工操作和节省启动控制用的其他电器。绕线转子三相异步电动机多用来拖动那些要求堵转转矩大的生产机械,如起重机械、球磨机、空压机、皮带运输机以及矿井提升机等。

3.3.2　实践内容

(1)异步电动机启动的 MATLAB 建模和模型参数设置。

(2)异步电动机启动模型仿真。

(3)观察、记录仿真结果并对仿真结果进行分析。

3.3.3　仿真过程与分析

1. 异步电动机启动常用模块

仿真模型中主要使用的元器件模块和提取路径如表 3-1 所示。

表 3-1　异步电动机仿真常用模块

元 件 名 称	提 取 路 径
交流电压源	Simscape/Electrical/Specialized Power Systems/Fundamental Blocks/Electrical Sources/AC Voltage Source
三相异步电动机	Simscape/Electrical/Specialized Power Systems/Fundamental Blocks/Machines/Asynchronous Machine SI Units
三相断路器	Simscape/Electrical/Specialized Power Systems/Fundamental Blocks/Elements/Three-Phase Breaker
三相 RLC 串联支路元件	Simscape/Electrical/Specialized Power Systems/Fundamental Blocks/Elements/Three-Phase Series RLC Branch
单相 RLC 串联支路元件	Simscape/Electrical/Specialized Power Systems/Fundamental Blocks/Elements/Series RLC Branch
电压表	Simscape/Electrical/Specialized Power Systems/Fundamental Blocks/Measurements/Voltage Measurement
电流表	Simscape/Electrical/Specialized Power Systems/Fundamental Blocks/Measurements/Current Measurement
总线选择器	Simulink/Commonly Used Blocks/Bus Slector
增益模块	Simulink/Commonly Used Blocks/Gain
波形显示器	Simulink/Commonly Used Blocks/Scope
取反模块	Simulink/Logical and Bit Operations/Logical Operator
转矩常数	Simulink/Commonly Used Blocks/Constant
阶跃信号	Simulink/Sources/Step
电力系统图形界面	Simscape/Electrical/Specialized Power Systems/Fundamental Blocks/powergui

2.三相异步电动机直接启动的建模与仿真

三相异步电动机直接启动仿真模型如图 3-1 所示。模型中采用三个独立的单相交流电压源模块(AC Voltage Source)组成三相交流电源。异步电动机的模块有四个输入端,A、B、C 输入端用于连接三相电源,Tm 输入端用于输入机械转矩。m 输出端与总线选择模块(Bus Slector1)连接。

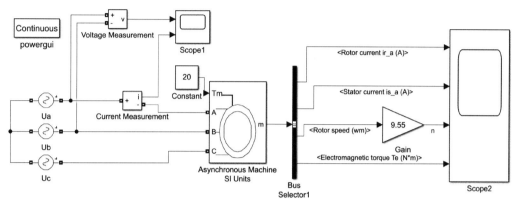

图 3-1　三相异步电动机直接启动仿真模型

三相电源幅值均为 220V,峰值为 $220 \times \sqrt{2}$ V,频率均为 50Hz,A 相初始相位角为 0°,B 相初始相位角为 240°,C 相初始相位角为 120°。交流电动机模块采用国际制,具体参数设置如图 3-2 所示,Rotor type 这一栏用于选择转子的类型:鼠笼型(Squirrel-cage)或绕线型(Wound)。电动机负载为 20N•m。

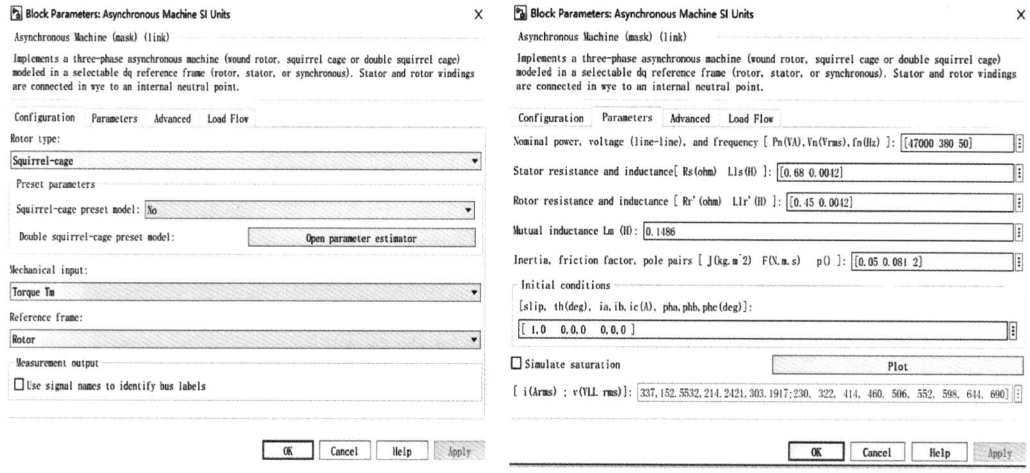

图 3-2　三相异步电动机参数设置对话框

Bus Slector 参数设置:在 Bus Slector 中选择转子 a 相电流、定子 a 相电流、转子转速、电磁转矩,用于观测电动机的工作状态,如图 3-3 所示。

仿真算法选择 ode45,仿真开始时间为 0s,结束时间为 1s。仿真结果如图 3-4 所示,从上到下依次给出了转子电流、定子电流、转速和电磁转矩随时间变化的规律。从仿真波形可

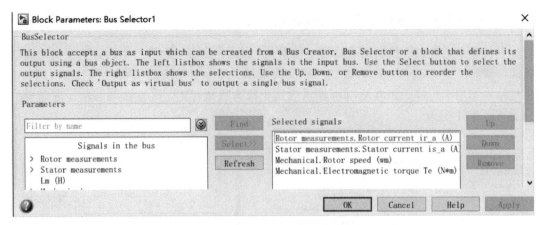

图 3-3　Bus Slector 参数设置对话框

以看出，刚启动时转差率大，定子电流约为 100A，启动最大转矩约为 150N·m；随着转速的上升，电流逐渐减小，最终电动机转速稳定在 1473r/min 左右。

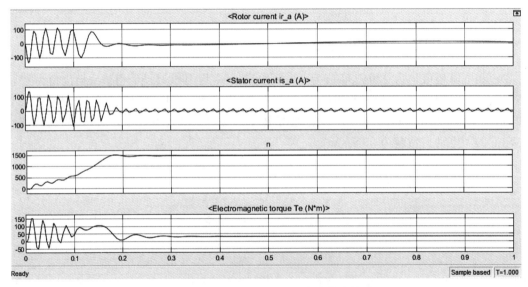

图 3-4　三相异步电动机直接启动仿真结果

3. 三相异步电动机定子串电阻启动的建模与仿真

在三相异步电动机直接启动仿真模型的基础上，在三相电源与三相异步电动机定子绕组之间增加三相电阻、三相断路器，就可以构成三相异步电动机定子串电阻启动仿真模型，如图 3-5 所示。

三相断路器参数设置如图 3-6 所示，设置 0.3s 后断路器闭合。三相电阻设置为 2Ω，其他参数设置与三相异步电动机直接启动相同。

仿真算法选择 ode45，仿真开始时间为 0s，结束时间为 1s。仿真结果如图 3-7 所示。从仿真波形可以看出，启动电流约为 75A，启动最大转矩约为 50N·m，启动时间达到了 0.5s

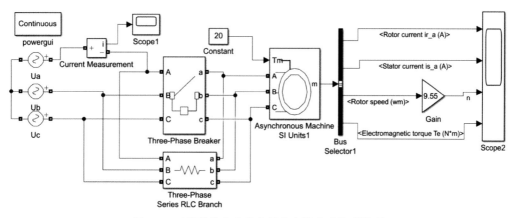

图 3-5　三相异步电动机定子串电阻启动仿真模型

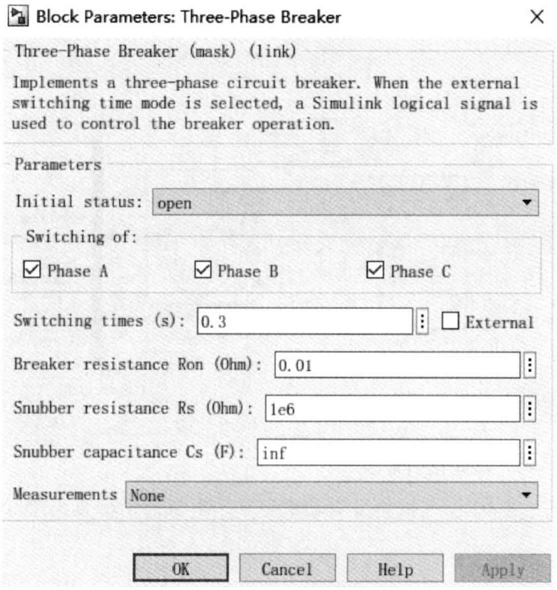

图 3-6　三相断路器参数设置对话框

左右。和直接启动的仿真结果相对比，启动电流减小的同时，启动转矩也减小了，启动时间增加了。

4. 三相异步电动机定子串电抗启动的建模与仿真

将三相异步电动机定子串电阻直接启动仿真模型中的三相电阻改为三相电抗，构成三相异步电动机定子串电抗启动仿真模型，如图 3-8 所示。

三相电抗参数设置：电阻设置为 2Ω，电抗设置为 $0.003\mathrm{H}$。其他参数设置与三相异步电动机串电阻启动相同。仿真算法选择 ode23tb，仿真开始时间为 0s，结束时间为 1s。仿真结果如图 3-9 所示。从仿真波形可以看出，启动电流约为 65A，启动最大转矩约为 $40\mathrm{N\cdot m}$，启动时间达到了 0.55s 左右。

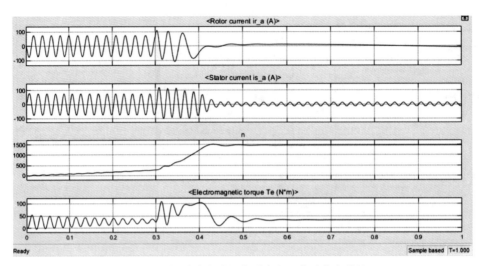

图 3-7　三相异步电动机定子串电阻启动仿真结果

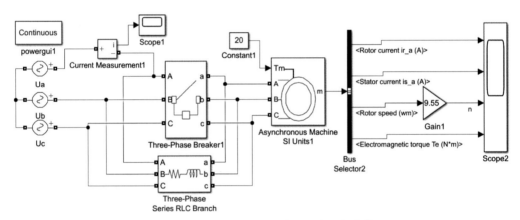

图 3-8　三相异步电动机定子串电抗启动仿真模型

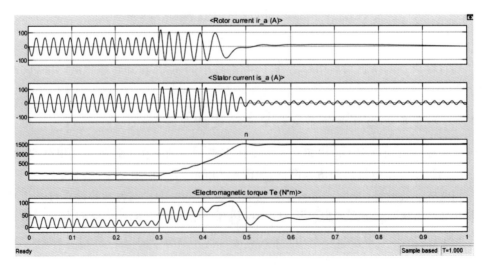

图 3-9　三相异步电动机定子串电抗启动仿真结果

3.3.4　思考与实践

（1）比较三相异步电动机不同启动方法的优缺点。

（2）试对三相异步电动机直接启动、自耦变压器降压启动进行仿真。

3.4　三相异步电动机开环调速性能研究

3.4.1　基本原理

三相异步电动机转速公式为

$$n = \frac{60f(1-s)}{p} \quad (\text{r/min}) \tag{3-1}$$

式中，f 为定子电源频率，Hz；s 为转差率；p 为极对数。

从式(3-1)可以看出，改变电动机的定子电源频率 f、极对数 p 及转差率 s，都可以达到调速的目的。从调速的本质来看，不同的调速方式无非是改变交流电动机的同步转速或不改变同步转速两种。改变同步转速的有改变定子极对数的变极调速、改变频率的变频调速、改变定子电压的调压调速等。不改变同步转速的调速方法有绕线式电动机转子串电阻调速。

1. 变极调速

变极调速是用改变定子绕组的接线方式来改变笼型电动机定子极对数以达到调速的目的。该调速方法具有较硬的机械特性，稳定性良好；无转差损耗，效率高；接线简单、控制方便、价格低；属于有级调速，级差较大，不能获得平滑调速。变极调速适用于不需要无级调速的生产机械，如金属切削机床、升降机、起重设备、风机、水泵等。

2. 变频调速

变频调速是指改变电动机定子电源的频率，从而改变其同步转速的调速方法。变频调速技术的飞速发展，为异步电动机实现平滑调速提供了可能，只要实现频率的连续调节，就可以平滑调节转速。变频调速系统的主要设备是变频器，目前使用最多的是交-直-交变频器，特点是效率高，调速过程中没有附加损耗，应用范围广，调速范围大，精度高；但其技术复杂，造价高且检修维护较为困难。

3. 调压调速

当改变电动机的定子电压时，可以得到一组不同的机械特性曲线，从而获得不同的转速。由于电动机的转矩与电压的二次方成正比，因此最大转矩下降很多，其调速范围较小，使一般笼型电动机难以应用。为了扩大调速范围，调压调速应采用转子电阻值大的笼型电动机，如专供调压调速用的力矩电动机。调压调速线路简单，易实现自动控制；调压过程中转差功率以发热的形式消耗在转子电阻中,效率较低。调压调速一般适用于100kW以下的生产机械。

4．绕线式电动机转子串电阻调速

绕线式异步电动机转子串入附加电阻,使电动机的转差率加大,电动机在较低的转速下运行。串入的电阻越大,电动机的转速越低。根据电动机的特性,转子串接电阻会降低电动机的转速,提高转动力矩。在这种调速方式中,由于电阻是常数,将启动电阻分为几级,在调速过程中逐级切除,可以获取较平滑的调速过程。根据上述分析可知,要想获得更加平稳的调速特性,必须增加级数,这样会使成本增加,设备复杂化。该调速方法的缺点是转差功率会以发热的形式消耗在电阻上,属于有级调速,机械特性较软,只适用于要求在短时间内调速且调速范围不大的生产机械,如起重机。

3.4.2　实践内容

（1）异步电动机调速系统的MATLAB建模和模型参数设置。

（2）异步电动机调速系统模型仿真。

（3）异步电动机调速性能测试或测定。

（4）观察、记录仿真结果并对仿真结果进行分析。

3.4.3　仿真过程与分析

1．异步电动机调速系统常用模块

仿真模型中主要使用的元器件模块和提取路径如表3-1所示。

2．三相异步电动机降压调速仿真模型

三相异步电动机降压调速仿真模型如图3-10所示。模型使用了两个三相断路器,将其接到定子绕组,控制接入定子绕组的电源电压以实现调速。两个三相电源分别设置不同的电压等级,模拟三相异步电动机的定子电压变化。为了能在调速瞬间实现两套三相交流电压源的切换,模型中采用了一个阶跃信号源模块实现定子电压调速的控制。下面分别介绍各环节建模与参数设置。

三相电源U_{a1}、U_{b1}、U_{c1}的幅值均为220V,三相电源U_{a2}、U_{b2}、U_{c2}的幅值均为110V。三相电源频率均为50Hz,A相初始相位角为0°,B相初始相位角为240°,C相初始相位角为120°。

两个三相断路器的参数设置相同,见图3-11。阶跃信号（Step）参数设置见图3-12。1.5s时阶跃信号（Step）从0变为1,三相断路器1（Three-Phase Breaker1）分闸,三相断路器2（Three-Phase Breaker2）合闸,三相电源U_{a2}、U_{b2}、U_{c2}接入定子绕组。其他参数设置与异步电动机直接启动相同。仿真算法选择ode45,仿真开始时间为0s,结束时间为1s。仿真结果如图3-13所示。

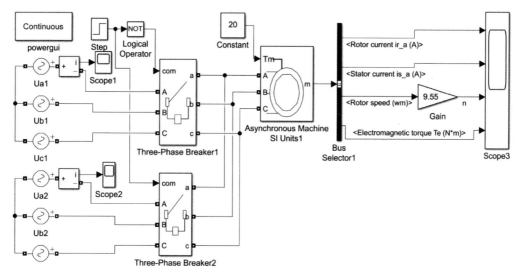

图 3-10　三相异步电动机降压调速仿真模型

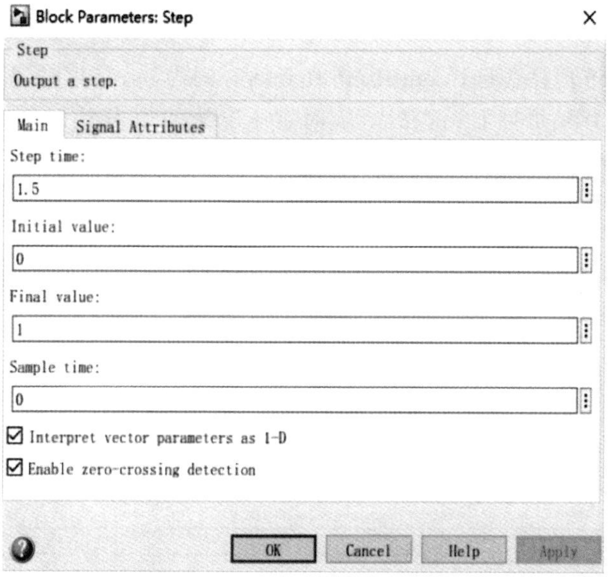

图 3-11　断路器参数设置对话框

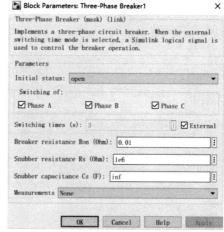

图 3-12　阶跃信号 Step 参数设置对话框

从图 3-13 可以看出,在三相电源幅值为 220V 时,转速最终稳定在 1480r/min 左右;在 1.5s 时将改变定子电压,三相电源幅值切换为 110V,转速最终稳定在 1370r/min 左右,可以看出转速突然发生变化,达到调速目的。

3. 三相异步电动机变频调速仿真模型

将图 3-10 中三相电源 2 中的电源频率改为 40Hz,相电压有效值为 176V,其他参数设置相同,可实现电动机变频调速。变频调速通过改变定子电源的频率来改变基波旋转频率,

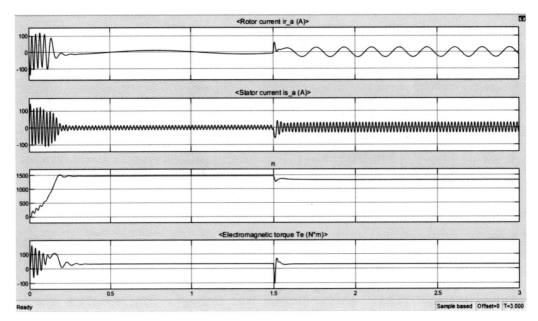

图 3-13　三相异步电动机降压调速仿真结果

从而改变转差率,以达到调速的目的。仿真算法选择 ode45,仿真开始时间为 0s,结束时间为 3s。仿真结果如图 3-14 所示。从图 3-14 可以看出,在 1.5s 时定子电源的频率由 50Hz 变为 40Hz,使得转差率减小,并最终使转速由 1480r/min 左右降为 1175r/min 左右,结果正确且达到了调速目的。

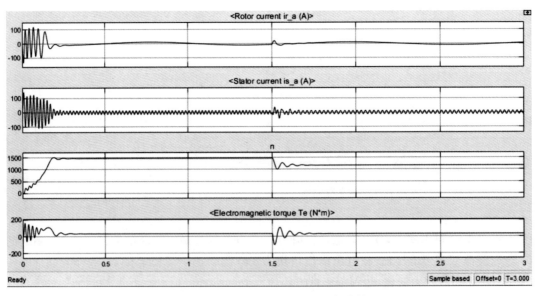

图 3-14　三相异步电动机变频调速仿真结果

4. 三相异步电动机变极调速仿真模型

将图 3-1 中的电动机极对数改为 3,其他参数设置相同,可实现电动机变极调速。仿真算法选择 ode45,仿真开始时间为 0s,结束时间为 1s。仿真结果如图 3-15 所示。从图 3-15 可以看出,将极对数变为 3 后,转速稳定在 980r/min 左右,符合转速与极对数之间的对应关系,达到了调速目的。

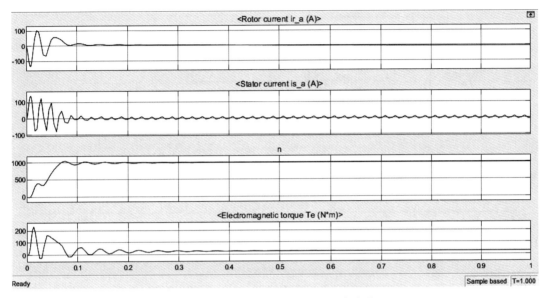

图 3-15　三相异步电动机变极调速仿真结果

5. 三相绕线式异步电动机转子串电阻调速仿真模型

三相绕线式异步电动机转子串电阻调速仿真模型如图 3-16 所示。转子串电阻模块和模块符号如图 3-17 所示,在 1.5s 时转子由直接短接切换到转子串三相对称电阻,模型中采用了一个阶跃信号源模块实现串电阻调速控制。

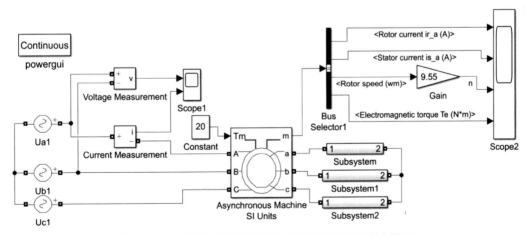

图 3-16　三相绕线式异步电动机转子串电阻调速仿真模型

将图 3-17 所示转子串电阻模块和模块符号中的电阻设置为 5Ω,其他参数设置与三相异步电动机直接启动模型相同。仿真算法选择 ode45,仿真开始时间为 0s,结束时间为 3s。仿真结果如图 3-18 所示。

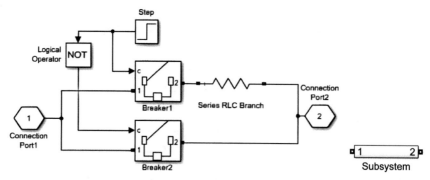

图 3-17　转子串电阻模块和模块符号

从图 3-18 可以看出,在 1.5s 时转子由直接短接切换到转子串三相对称电阻,使得转差率减小,并最终使转速由 1480r/min 左右降为 1200r/min 左右,达到调速目的。

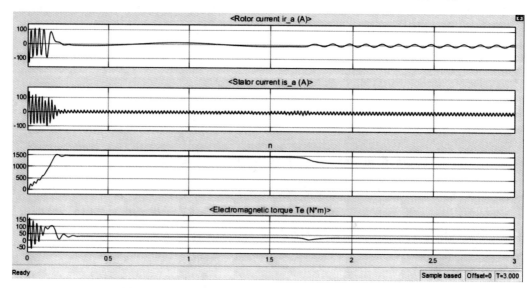

图 3-18　三相绕线式异步电动机转子串电阻调速仿真结果

3.4.4　思考与实践

（1）变频调速过程中,定子电压是如何变化的?

（2）哪种调速方法的调速范围较宽?

（3）试对异步电动机变频调速、绕线式异步电动机转子串电阻调速进行仿真。

第 4 章

直流电动机的认识实验

4.1 实 践 背 景

直流调速是现代电力拖动自动控制系统中发展较早的技术。在 20 世纪 60 年代,随着晶闸管的出现,现代电力电子和控制理论、计算机的结合促进了电力传动控制技术的研究和应用。晶闸管-直流电动机调速系统为现代工业提供了高效、高性能的动力。尽管目前交流调速技术日趋成熟,以及交流电动机的经济性和易维护性,使交流调速广泛受到用户的欢迎。但是直流电动机调速系统以其优良的调速性能仍有广阔的市场,并且建立在反馈控制理论基础上的直流调速原理也是交流调速控制的基础。

4.2 实 践 目 标

(1) 学习直流电动机的启动、改变电机转向和调速的方法。
(2) 学会用 MATLAB 进行开环调速仿真。

4.3 直 流 电 动 机

4.3.1 直流电动机的基本原理

1. 直流电动机的工作原理

直流电机是通以直流电流的旋转电机,是电能和机械能相互转换的设备。将机械能转换为电能的是直流发电机,将电能转换为机械能的是直流电动机。

图 4-1 所示为直流电动机工作原理图。图中,N、S 是主磁极,它是固定不动的。abcd是装在可以转动的圆柱体上的一个线圈,把线圈的两端分别接到两个相对放置的导电片(称为换向片)上,换向片之间用绝缘材料隔开,电刷 A、B 放在换向片上且固定不动,通过电刷A、B 可以把旋转着的电路(线圈 abcd)与外面静止的电路相连接。换向片与电刷组成了最简单的换向器。这个可以转动的转子叫电枢。电刷 A、B 接到直流电源上。将电刷 A、B 接通直流电源后,线圈中将有流向为 a→b→c→d 的电流。

根据电磁感应原理,载流导体 ab、cd 上受到的电磁力 F 的大小为

$$F = BLI \tag{4-1}$$

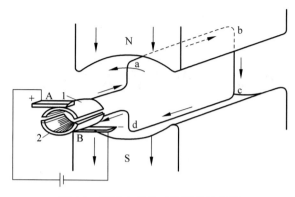

图 4-1 直流电动机工作原理示意图

式中，F 为 ab、cd 上受到的电磁力，N；B 为导体所在处的磁通密度，Wb/m^2；L 为导体 ab 与 cd 的长度，m；I 为导体 ab、cd 中的电流，A。

导体受力的方向用左手定则确定，导体 ab 的受力方向是从右到左，cd 的受力方向是从左到右，如图 4-1 所示。电磁力 F 与转子半径的乘积就是转矩，称为电磁转矩。两个力对轴形成逆时针方向的电磁转矩，使电枢转动。当电枢旋转 180° 后，导体 cd 进入 N 极面区、ab 进入 S 极面区，由于电刷和换向片的作用，线圈电流方向变为 d→c→b→a，导体 ab、cd 受力及其产生的电磁转矩为逆时针方向，电枢继续转动。可见，输入的电能将转变为电枢轴上的机械能输出。

实际的直流电动机电枢上也不止一个线圈，但不管有多少个线圈，所产生的电磁转矩的方向都是一致的。

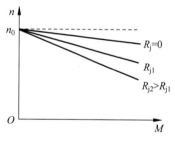

图 4-2 并励直流电动机机械特性

2. 直流电动机的机械特性

直流电动机的机械特性是在电压 U 一定，励磁电流确定的条件下，电动机的转速 n 与电磁转矩 M 之间的关系，即 $n=f(M)$。

由机械特性方程可知，并励直流电动机的机械特性是一簇下倾的直线，如图 4-2 所示。

图 4-2 中，第一条直线（$R_j=0$）是电枢回路未串入电阻时的机械特性，称为固有特性。而后的直线表示电枢串入电阻后的机械特性，称为人为特性。并且串入的电阻值越大，曲线斜率值越大，转速变化率增大，机械特性变"软"。人为地改变施加给电动机的外界条件，可以改变电动机的机械特性，使得调节电动机特性以满足负载机械特性的要求成为可能。

3. 直流电动机调速

直流电动机具有优良的调速性能，它可以在宽广的速度范围内平滑而经济地进行速度调节，这是交流电动机无法比拟的。

直流电动机调速方式有三种：①调节励磁电流以改变每极磁通；②调节电枢回路中可调电阻量；③调节外加电源电压 U。

4．直流电动机的启动和反转

（1）启动方法

全压启动：是在电动机磁场磁通为 $\varPhi_N$ 的情况下，在电动机电枢上直接施加额定电压的启动方式。

他励直流电动机不允许直接启动。因为他励直流电动机电枢电阻 R_a 很小，额定电压下直接启动的启动电流很大，通常可达额定电流的 10～20 倍，启动转矩也很大。过大的启动电流引起电网电压下降，影响其他用电设备的正常工作，同时电动机自身的换向器产生剧烈的火花，而过大的启动转矩可能会使轴上受到不允许的机械冲击。所以全压启动只限于容量很小的直流电动机。

（2）反转方法

直流电动机反转的方法有以下两种：

① 改变励磁电流方向。保持电枢两端电压极性不变，将电动机励磁绕组反接，使励磁电流反向，从而使磁通中方向改变。

② 改变电枢电压极性。保持励磁绕组电压极性不变，将电动机电枢绕组反接，电枢电流 I_a 即改变方向。

4.3.2 实践内容

（1）直流电动机的 MATLAB 建模和模型参数设置。

（2）观察、记录并励直流电动机的启动过程。

4.3.3 仿真实验及分析

1．并励直流电动机的启动实验

按图 4-3 建立直流电动机的启动仿真电路，如图 4-4 所示。直流电源设置为 240V，Stair Generator 设置如图 4-5 所示，开关参数设置如图 4-6 所示，直流电动机的参数设置如图 4-7 所示。

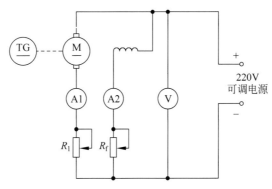

图 4-3 并励直流电动机接线图

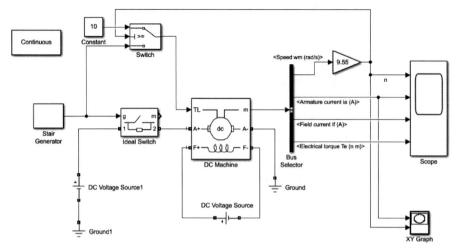

图 4-4　直流电动机启动仿真电路

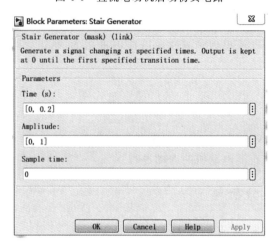

图 4-5　阶跃信号设置对话框

图 4-6　开关参数设置对话框

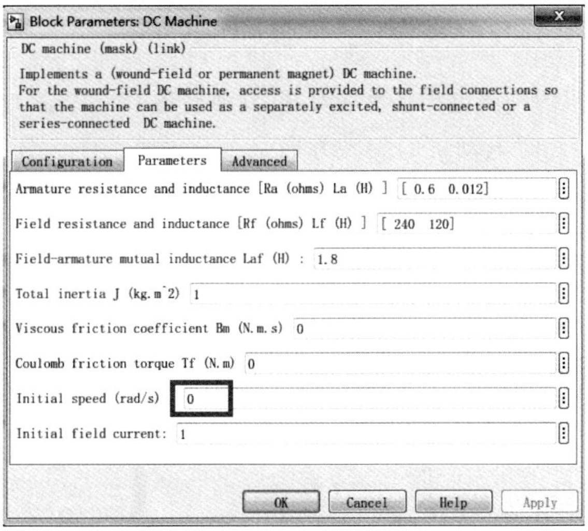

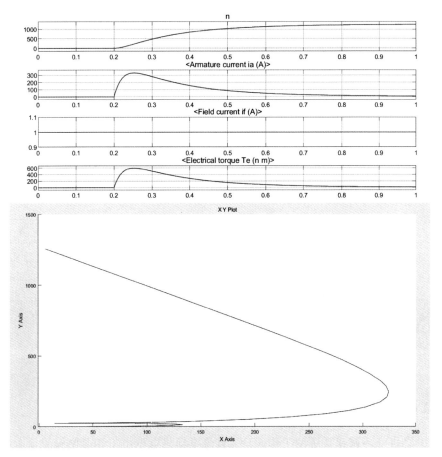

图 4-7 直流电动机参数设置对话框

单击运行,可以查看直流电动机的直接启动过程(如图 4-8 所示),和理论分析是一致的,启动电流比较大,启动转矩也比较大。

图 4-8 直流电动机直接启动实验的运行结果

2. 改变直流电动机转向实验

将并励直流电动机的励磁电源正负端对调,其他参数不变,仿真电路如图 4-9 所示。重新运行仿真电路,观察此时电动机的旋转方向是否与原来的不一样。仿真结果如图 4-10 所示。

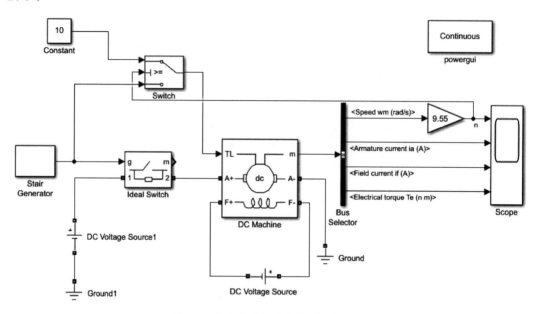

图 4-9　直流电动机改变转向仿真电路

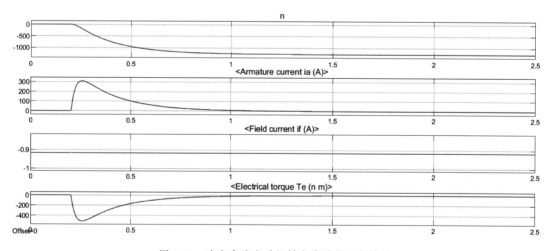

图 4-10　改变直流电动机转向实验的运行结果

3. 直流电动机开环调速系统的仿真

直流电动机开环调速系统的工作原理:直流电动机电枢由三相晶闸管整流电路经平波

电抗器 L 供电,并通过改变触发器移相控制信号 U_c 调节晶闸管的控制角,从而改变整流器的输出电压,实现直流电动机的调速。该系统的电气原理图如图 4-11 所示。

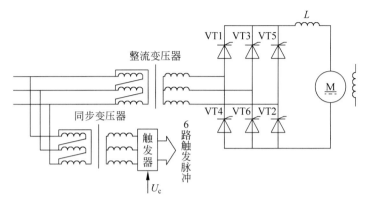

图 4-11　直流电动机开环调速系统的电气原理图

仿真时为了简化模型,省略了整流变压器和同步变压器,整流器和触发同步使用同一交流电源,直流电动机励磁由直流电源直接供给。根据电气原理图在 Simulink 中查找器件、连线,画出如图 4-12 所示的仿真图。三相对称电压源的峰值电压为 380V,初始相位为 0°,频率为 50Hz。晶闸管整流桥的参数设置如图 4-13 所示,直流电动机的参数设置如图 4-14 所示。阶跃信号(Step)在 2s 时刻从 0 变为 1,初始值设为 0,最终值设为 100,具体参数设置见图 4-15。

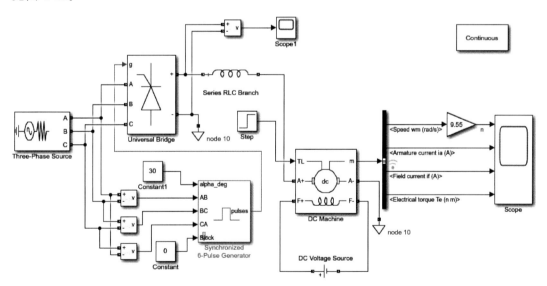

图 4-12　直流电动机开环调速仿真电路图

单击运行,仿真结果如图 4-16 所示,从上到下依次是:①电动机的转速 n,在 2s 时刻转速 n 下降;②电枢电流 I_a,在 2s 之后略有上升;③励磁电流 I_f,基本不变;④电动机的转矩曲线 T_e,因为增加了电动机负载,2s 后电磁转矩稍有升高。

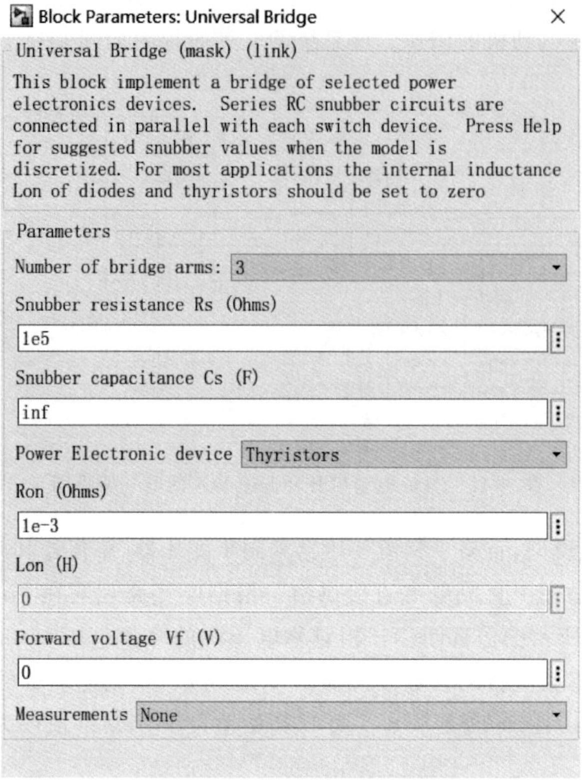

Block Parameters: Universal Bridge　✕

Universal Bridge (mask) (link)

This block implement a bridge of selected power electronics devices. Series RC snubber circuits are connected in parallel with each switch device. Press Help for suggested snubber values when the model is discretized. For most applications the internal inductance Lon of diodes and thyristors should be set to zero

Parameters

Number of bridge arms: 3

Snubber resistance Rs (Ohms)

1e5

Snubber capacitance Cs (F)

inf

Power Electronic device　Thyristors

Ron (Ohms)

1e-3

Lon (H)

0

Forward voltage Vf (V)

0

Measurements　None

图 4-13　晶闸管整流桥的参数设置对话框

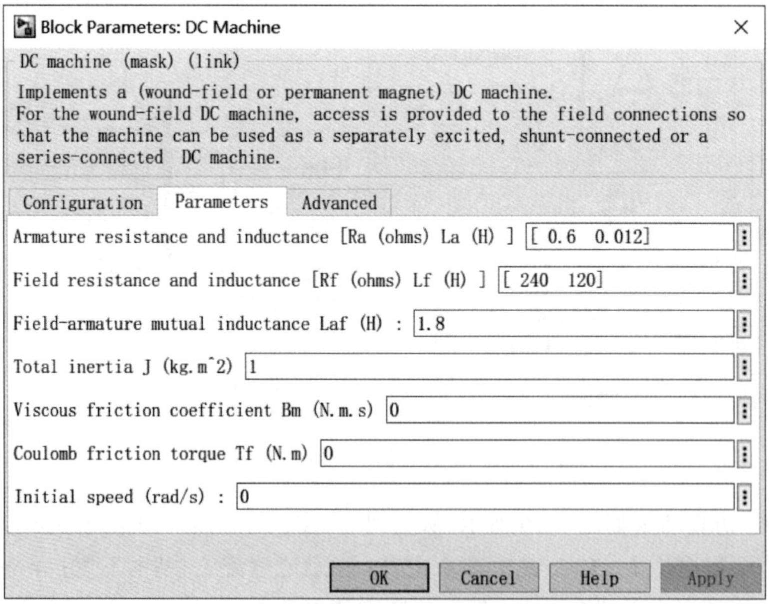

Block Parameters: DC Machine　✕

DC machine (mask) (link)

Implements a (wound-field or permanent magnet) DC machine.
For the wound-field DC machine, access is provided to the field connections so that the machine can be used as a separately excited, shunt-connected or a series-connected DC machine.

| Configuration | Parameters | Advanced |

Armature resistance and inductance [Ra (ohms) La (H)]　[0.6　0.012]

Field resistance and inductance [Rf (ohms) Lf (H)]　[240　120]

Field-armature mutual inductance Laf (H) :　1.8

Total inertia J (kg.m^2)　1

Viscous friction coefficient Bm (N.m.s)　0

Coulomb friction torque Tf (N.m)　0

Initial speed (rad/s) :　0

OK　Cancel　Help　Apply

图 4-14　直流电动机的参数设置对话框

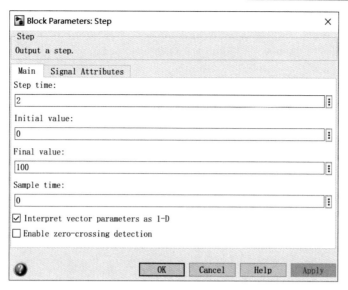

图 4-15 阶跃信号 Step 的参数设置对话框

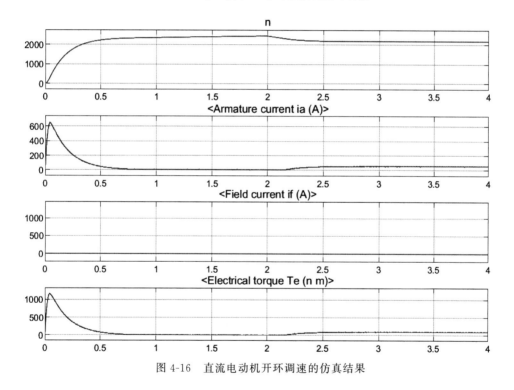

图 4-16 直流电动机开环调速的仿真结果

4.3.4 思考与实践

（1）当电动机的负载转矩和励磁电流不变时,减小电枢端电压,为什么会引起电动机转速降低？

（2）当电动机的负载转矩和电枢端电压不变时,减小励磁电流,为什么会引起转速升高？

第2篇　电力电子器件特性与电能变换研究

第5章

电力电子器件特性测试研究

5.1 实 践 背 景

电力电子器件是电力电子技术的基础,是组成变流电路的主要元件,电力电子器件的性能关系着变流电路的结构和特性。电力电子器件是建立在半导体原理基础上的,与其他半导体元件不同的是,它一般能承受较高的工作电压和较大的电流,并且主要工作在开关状态,因此在变流电路中也常简称为"开关"。电力电子器件包括晶闸管、电力晶体管(giant transistor,GTR)、金属-氧化物半导体场效应晶体管(metal-oxide-semiconductor field-effect transistor,MOSFET)、绝缘栅双极晶体管(insulated gate bipolar transistor,IGBT)等。

GTR 是一种耐高电压、大电流的双极结型晶体管。由于 GTR 是全控型器件,并且具有开关时间短、饱和压降低和安全工作区宽等优点,以及在应用中逐步实现了高频化、模块化和廉价化,因此自 20 世纪 80 年代以来,GTR 在中、小功率范围的斩波控制和变频控制领域逐步取代了晶闸管。

MOSFET 是一种多子导电的单极型电压控制型器件。它具有驱动电路简单、驱动功率小、开关速度快、工作频率高、输入阻抗高、热稳定性优良、无二次击穿、安全工作区宽等显著优点,但是 MOSFET 电流容量小,耐压低,通态电阻大,只适用于中小功率电力电子装置,因此在中小功率的高性能开关电源、斩波器、逆变器中得到了越来越广泛的应用。

IGBT 是一种新型复合器件,既有功率 MOSFET 管的开关速度快、场电压控制、热稳定性好、驱动简单等特点,又有 GTR 双极型晶体管通态电阻小、耐压高等显著优点,因此该晶体管在电力电子器件中占有极重要的地位。目前 400kW 以下的变频器基本上都采用 IGBT。IGBT 已逐步取代了原来 GTR 和一部分 MOSFET 的市场,成为中小功率电力电子设备的主导器件。

5.2 实 践 目 标

(1)掌握 IGBT 工作特性仿真实验技能和结果分析能力,具有分析 IGBT 特性和解决 IGBT 工作过程中遇到的问题等的能力。

(2)掌握 MOSFET 工作特性仿真实验技能和结果分析能力,具有分析 MOSFET 特性和解决 MOSFET 工作过程中遇到的问题等的能力。

5.3 电力电子器件特性研究

5.3.1 IGBT 的基本特性

IGBT 的工作特性包括静态特性和动态特性。静态特性是指输出特性、转移特性和理想开关特性，而动态特性是指开通、关断两个过程的有关特性。

IGBT 的输出特性是指以栅射电压 U_{GE} 为参变量，集电极电流 I_C 与集射极间电压 U_{CE} 之间的关系曲线。IGBT 的输出特性分为三个区域：正向阻断区、有源区和饱和区。IGBT 作为开关器件，稳态时主要工作在饱和导通区和正向阻断区。

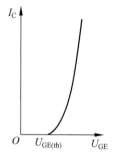

图 5-1 IGBT 的转移特性

IGBT 的转移特性是指集电极输出电流 I_C 和栅射电压 U_{GE} 之间的关系曲线，如图 5-1 所示。当栅射电压 U_{GE} 小于开启电压 $U_{GE(th)}$ 时，IGBT 处于关断状态。在 IGBT 导通后的大部分集电极电流范围内 I_C 与 U_{GE} 呈线性关系。

IGBT 的动态特性主要指与开通、关断两个过程有关的特性，如电流、电压与时间的关系。

IGBT 是一个受栅极信号控制的器件，IGBT 的仿真模型由内电阻 R_{on}、电感 L_{on}、直流电压源 V_f 和一个开关 SW 串联组成，该开关受 IGBT 逻辑信号控制，该逻辑信号又由 IGBT 的电压 V_{CE}、电流 I_C 和栅极驱动信号 g 决定。IGBT 模块的仿真电路模型如图 5-2 所示。

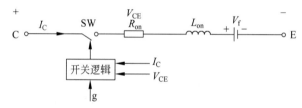

图 5-2 IGBT 模块的仿真电路模型

5.3.2 MOSFET 的输出特性

如图 5-3 所示为增强型 N 沟道 MOSFET 的输出特性。

对于如图 5-3 所示的 MOSFET 管，有三种工作区域：

（1）夹断区

当 $V_{GS} < V_{th}$ 时，MOSFET 处于此工作区域，基本处于断开状态，但是此时仍存在较微弱的反型层，存在漏电流，其电流大小为

$$I_D \approx 0 \tag{5-1}$$

式中，I_D 为漏极电流。

（2）线性区

当 $V_{GS} > V_{th}$ 且 $V_{DS} < (V_{GS} - V_{th})$ 时，MOSFET 处于此工作区域，电流满足：

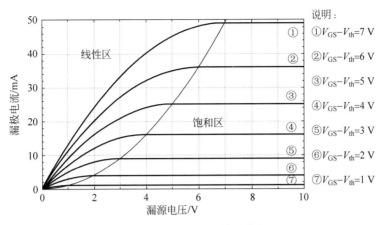

图 5-3　MOSFET 的输出特性

$$I_D = \mu_n C_{ox} \frac{W}{L} \left[(V_{GS} - V_{th}) V_{DS} - \frac{V_{DS}^2}{2} \right] \qquad (5\text{-}2)$$

式中，μ_n 为沟道中电子的有效迁移率；C_{ox} 为栅极氧化层单位面积电容；W 为沟道宽度；L 为沟道长度；V_{GS} 为栅源电压；V_{th} 为阈值电压；V_{DS} 为漏源电压。

（3）饱和区

当 $V_{GS} > V_{th}$ 且 $V_{DS} \geqslant (V_{GS} - V_{th})$ 时，MOSFET 处于此工作区域，电流满足：

$$I_D = \frac{\mu_n C_{ox}}{2} \frac{W}{L} (V_{GS} - V_{th})^2 \left[1 + \lambda (V_{DS} - V_{DS_{sat}}) \right] \qquad (5\text{-}3)$$

式中，λ 为沟道长度调制系数；$V_{DS_{sat}}$ 为夹断点时漏源电压。

5.4　实践内容

（1）IGBT 工作特性的 MATLAB 建模和模型参数设置。

（2）IGBT 工作特性的模型仿真。

（3）识别 MOSFET 的极性（源极、漏极、门极）。

（4）验证 MOSFET 导通和不完全导通的条件、特点及开启电压。

5.5　仿真过程与分析

电力电子器件特性研究仿真模型中主要使用的元器件模块和提取路径如表 5-1 所示。

表 5-1　电力电子器件仿真常用模块

元 件 名 称	提 取 路 径
脉冲发生器	Simulink/Sources/Pulse Generator
直流电压源	Simscape/Power System/Specialized Technology/Fundamental Block/Electrical Source/DC Voltage Source
单相 RLC 串联支路元件	Simscape/Electrical/Specialized Power Systems/Fundamental Blocks/Elements/Series RLC Branch

续表

元件名称	提取路径
IGBT	Simscape/Electrical/Specialized Power Systems/Fundamental Blocks/Power Electronics/IGBT
地端	Simscape/Electrical/Ground
信号分解器	Simulink/Signal Routing/Demux
波形显示器	Simulink/Commonly Used Blocks/Scope
电压表	Simscape/Electrical/Specialized Power Systems/Fundamental Blocks/Measurements/Voltage Measurement
电流表	Simscape/Electrical/Specialized Power Systems/Fundamental Blocks/Measurements/Current Measurement
电力系统图形界面	Simscape/Electrical/Specialized Power Systems/Fundamental Blocks/powergui
直流电压源（物理信号）	Simscape/Foundation Library/Electrical/Electrical Source/DC Voltage Source
电阻	Simscape/Foundation Library/Electrical/Electrical Elements/Resistor
IGBT（理想、开关）	Simscape/Electrical/Semiconductors&Converters/Semiconductors/IGBT（Ideal，Switching）
电气基准	Simscape/Foundation Library/Electrical/Electrical Elements/Electrical Reference
求解器	Simscape/Utilities/Solver Configuration
物理信号与 Simlink 信号转换器	Simscape/Utilities/PS-Simulink Converter
电流表	Simscape/Foundation Library/Electrical/Electrical Sensors/Current Sensor

5.5.1　IGBT 工作特性的建模与仿真

1. IGBT 工作特性的建模与模型参数的设置

IGBT 工作特性的仿真模型如图 5-4 所示。主电路主要由直流电源、一个 IGBT 管和负载组成，直流电源参数设置为 220V，负载为纯电阻 100Ω，IGBT 参数设置如图 5-5 所示。控制电路的仿真模型主要有一个脉冲发生器通向 IGBT，参数设置情况为：周期设置为"0.00001"，脉冲宽度比的大小设置为 30，幅值设置为 5V，如图 5-6 所示。仿真模型中其他模块参数设置为默认值。仿真算法选择 ode23tb，仿真开始时间为 0s，结束时间为 0.00003s。

2. 仿真结果分析

运行该模型可得到，IGBT 控制信号波形如图 5-7 所示，IGBT 的 I_C 和 U_{CE} 波形如图 5-8 所示，负载电流波形和负载电压波形如图 5-9 所示。IGBT 为全控型器件，触发脉冲既能触发导通，又能使其关断。触发导通的时间取决于触发脉冲的占空比，改变触发脉冲的占空比，器件触发导通的时间随之变化。

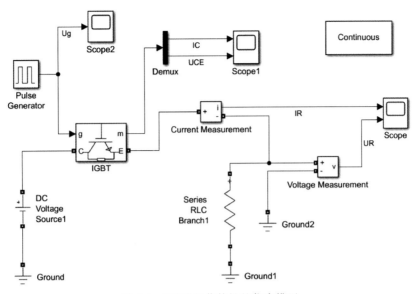

图 5-4 IGBT 工作特性的仿真模型

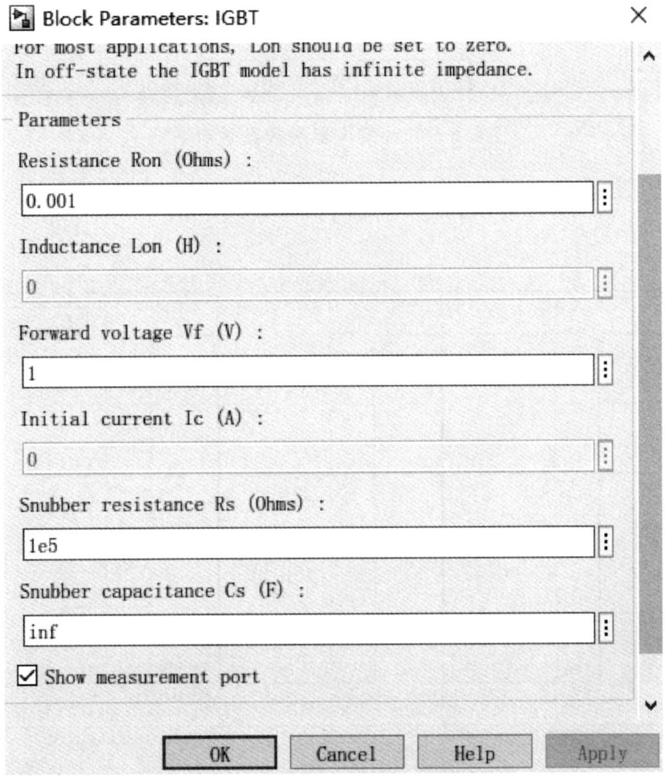

图 5-5 IGBT 参数设置对话框

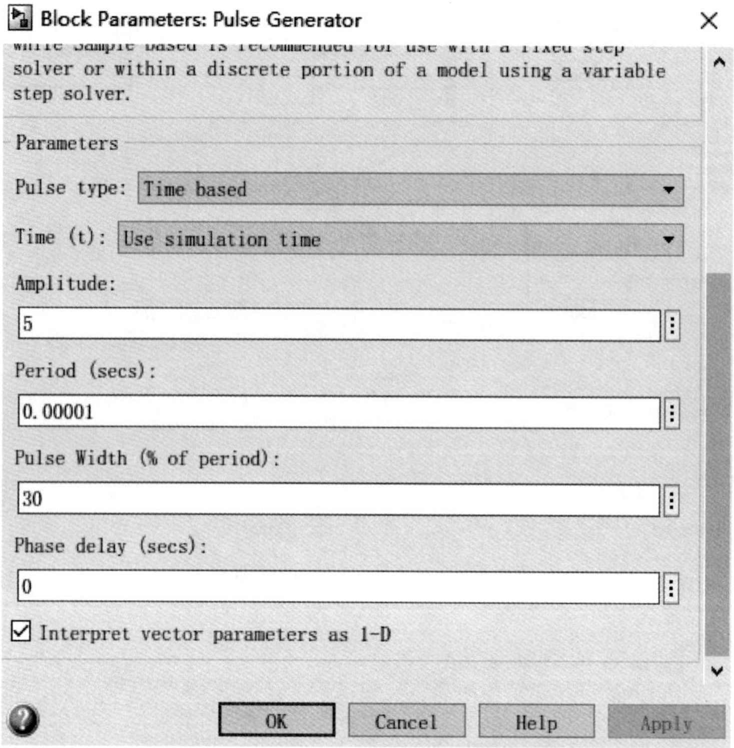

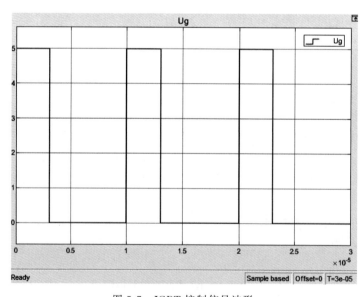

图 5-6　脉冲发生器参数设置对话框

图 5-7　IGBT 控制信号波形

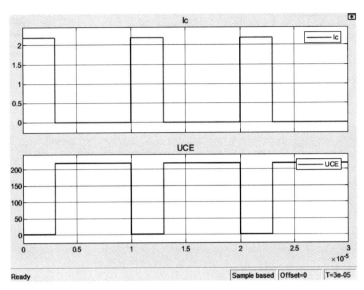

图 5-8　I_C 和 U_{CE} 波形

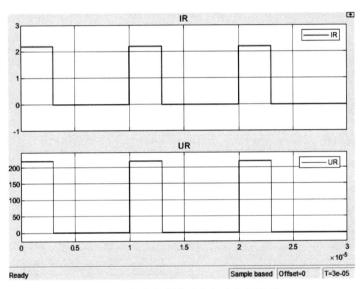

图 5-9　负载电流波形和负载电压波形

5.5.2　IGBT 转移特性的建模与仿真

1. IGBT 转移特性的建模与模型参数的设置

IGBT 转移特性的仿真模型如图 5-10 所示。IGBT 参数设置如图 5-11 所示,开启阈值电压(Threshold Voltage)设置为 6V。将电源电压(DC Voltage Source1)设置为 18V,将 IGBT 的控制电压(DC Voltage Source2)设置为 12V。其他模块参数设置为默认值。仿真选择算法为 ode45,仿真开始时间为 0s,结束时间为 1s。

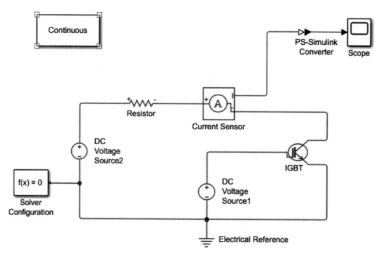

图 5-10 IGBT 转移特性的仿真模型

Block Parameters: IGBT ✕

The IGBT block is in the off state if the gate-emitter voltage falls below the threshold voltage. In the off state, the device is represented by off-state conductance.

You can use the thermal variants of this block to model the amount of heat that switching events and conductance losses generate. For numerical efficiency, the thermal state does not affect the electrical behavior.

Settings

| Main | Integral Diode |

Forward voltage, Vf:	0.8	V
On-state resistance:	0.001	Ohm
Off-state conductance:	1e-5	1/Ohm
Threshold voltage, Vth:	6	V

OK Cancel Help Apply

图 5-11 IGBT 参数设置对话框

2. 仿真结果分析

将 IGBT 的控制电压设置为 12V,仿真结果如图 5-12 所示,当控制电压大于开启阈值电压时,IGBT 导通。

将 IGBT 的控制电压设置为 5V,仿真结果如图 5-13 所示,当控制电压低于开启阈值电压时,IGBT 关闭。

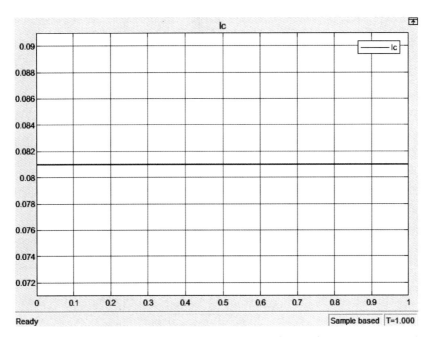

图 5-12 控制电压为 12V 时 IGBT 集电流波形

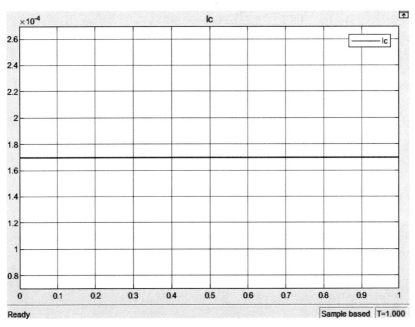

图 5-13 控制电压为 5V 时 IGBT 集电流波形

5.5.3 MOSFET 的测量及驱动

按图 5-14 在 MATLAB/Simulink 中搭建仿真电路,如图 5-15 所示。查找资料,输入实际器件参数,如图 5-16 和图 5-17 所示。

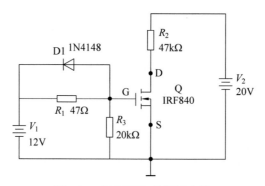

图 5-14　MOSFET 的测量电路

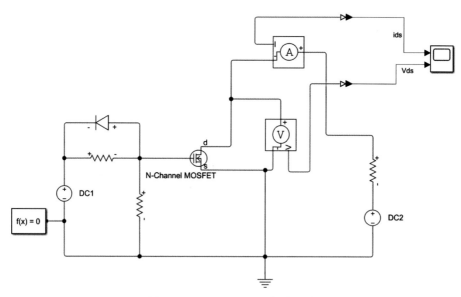

图 5-15　MOSFET 测量仿真电路

Block Parameters: N-Channel MOSFET

N-Channel MOSFET

This block represents an N-channel MOSFET (or IGFET). Choose either a threshold-voltage MOSFET model by right-clicking the block in the model and selecting Simscape > Block ch

Settings

Main	Ohmic Resistance	Junction Capacitance	Body Diode	Temperature Dependenc

Parameterization:	Specify from a datasheet
Drain-source on resistance, R_DS(on):	0.85
Drain current, Ids, for R_DS(on):	8
Gate-source voltage, Vgs, for R_DS(on):	10
Gate-source threshold voltage, Vth:	2
Channel modulation, L:	0
Measurement temperature:	25

图 5-16　IRF840 仿真参数设置对话框(1)

Block Parameters: N-Channel MOSFET

N-Channel MOSFET

This block represents an N-channel MOSFET (or IGFET). Choose either a threshold-voltage
MOSFET model by right-clicking the block in the model and selecting Simscape > Block ch

Settings

| Main | Ohmic Resistance | Junction Capacitance | Body Diode | Temperature Dependenc |

Parameterization:　　　　　Specify fixed input, reverse transfer and output capacita

Input capacitance, Ciss:　　1300

Reverse transfer
capacitance, Crss:　　　　120

Output capacitance, Coss:　310

Charge-voltage linearity:　Gate-drain capacitance is constant

图 5-17　IRF840 仿真参数设置对话框(2)

根据表 5-2 列举的仿真条件分别进行仿真并给出仿真结果,完成表 5-2。图 5-18 为按照表 5-2 所示条件进行仿真而得到的仿真结果。

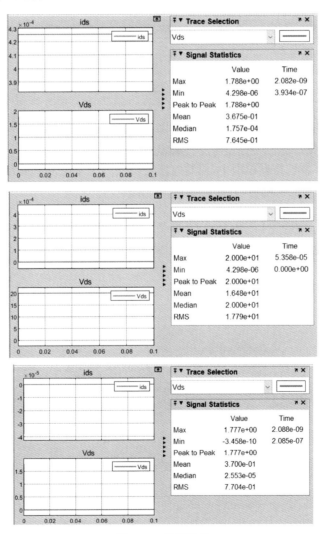

图 5-18　仿真结果

表 5-2　MOSFET 工作状态测量表　　　　　　　　　　　　　　　　　　　　V

直流电压 V_1	直流电压 V_2	V_{DS}（MOSFET D 端与 S 端间电压）
12	20	$0.0001757 \approx 0$
0	20	20
12	0	$0.00002553 \approx 0$

　　直流电源 V_1 由零逐渐增加，测量 MOSFET D 端与 S 端间的电压和电流，计算 D 端与 S 端之间的导通电阻 $R_{on.DS} = V_{DS}/I_{DS}$，结果如表 5-3 所示。通过测量结果可发现 MOSFET 的阈值电压（开启电压）V_{TH} 应该在 2～3V。

表 5-3　MOSFET 阈值与导通电阻测量结果

V_1/V	V_2/V	V_{DS}/V	I_{DS}/A	$R_{on.DS}/\Omega$
2	20	20	2×10^{-11}	10^{12}
3	20	0.00168	0.000425	3.953
3.5	20	0.00112	0.000426	2.629
4	20	0.000837	0.000426	1.965

5.6　思考与实践

　　(1) IGBT 工作特性仿真模型中，当占空比不同时，I_C 与 U_{CE} 的波形、负载电流波形、负载电压波形有何变化？

　　(2) IGBT 转移特性仿真模型中，控制电压变化，IGBT 集电流波形有何变化？

　　(3) MOSFET 的阈值电压（开启电压）V_{th} 等于多少？

第 **6** 章

整流电路的研究

6.1 实 践 背 景

整流电路是把交流电能转换为直流电能的电路。大多数整流电路由变压器、整流主电路和滤波器等组成。它在直流电动机的调速、发电机的励磁调节、电解、电镀等领域得到广泛应用。整流电路的作用是将交流降压电路输出的电压较低的交流电转换成单向脉动性直流电,这就是交流电的整流过程。整流电路主要由整流二极管组成。经过整流电路之后的电压已经不是交流电压,而是一种含有直流电压和交流电压的混合电压。

电源电路中的整流电路主要有半波整流电路、全波整流电路和桥式整流电路三种。三种整流电路输出的单向脉动性直流电的特性有所不同:半波整流电路输出的电压只有半周,所以这种单向脉动性直流电的主要成分仍然是 50Hz 的,这是因为输入交流市电的频率是 50Hz,半波整流电路去掉了交流电的半周,没有改变单向脉动性直流电中交流成分的频率;全波和桥式整流电路相同,用到了输入交流电压的正、负半周,使频率扩大一倍,为 100Hz,所以这种单向脉动性直流电的主要交流成分是 100Hz 的,这是因为整流电路将输入交流电压的一个半周转换了极性,使输出的直流脉动性电压的频率比输入交流电压提高了一倍,这一频率的提高有利于滤波电路的滤波。

6.2 实 践 目 标

(1) 掌握单相桥式全控整流电路的 MATLAB 仿真方法,会设置各模块的参数。

(2) 研究三相半波可控整流电路在带电阻性负载和带阻感性负载时的工作特性。

6.3 整 流 电 路

6.3.1 单相桥式整流电路

单相桥式全控整流电路线路如图 6-1 所示。晶闸管 VT1 和 VT4 组成一对桥臂,VT2 和 VT3 组成另一对桥臂。在 u_2 正半周(即 a 点电位高于 b 点电位),若 4 个晶闸管均不导通,$i_d = 0$A,$u_d = 0$V,VT1、VT4 串联承受电压 u_2。在触发角 α 处给 VT1 和 VT4 加触发脉冲,VT1 和 VT4 即导通,电流从电源 a 端经 VT1、R、VT4 流回电源 b 端。当 u_2 过零时,流经晶闸管的电流也降到零,VT1 和 VT4 关断。在 u_2 负半周,仍在触发角 α 处触发 VT2 和 VT3,VT2 和 VT3 导通,电流从电源 b 端流出,经 VT3、R、VT2 流回电源 a 端。当 u_2 过零时,电流又降为零,VT2 和 VT3 关断。

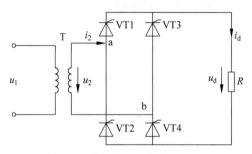

图 6-1　单相桥式全控整流电路

6.3.2　三相半波整流电路

三相半波可控整流电路实验线路如图 6-2 所示。控制角 α 是从自然转换点起算。

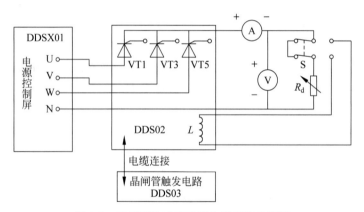

图 6-2　三相半波可控整流电路实验线路图

1. 负载为电阻性负载的情况

当 $\alpha \leqslant 30°$ 时,负载电流连续,每只晶闸管各导电 $120°$,即导通角 $\theta = 120°$。当 $\alpha > 30°$ 时,负载电流断续,各晶闸管导电时间小于 $120°$,即导通角:

$$\theta = 150° - \alpha \qquad (6-1)$$

控制角 α 的最大移相控制范围为 $150°$。理论上,当 $\alpha = 0°$ 时,整流输出电压平均值最大;当 $\alpha = 150°$ 时,整流输出电压平均值为零。

当 $\alpha \leqslant 30°$ 时,其整流输出平均电压 U_d 的表达式为

$$U_d = \frac{3}{2\pi} \int_{\frac{\pi}{6}+\alpha}^{\frac{5\pi}{6}+\alpha} \sqrt{2} U_S \sin\omega t \, \mathrm{d}(\omega t) = 1.17 U_S \cos\alpha \qquad (6-2)$$

当 $\alpha > 30°$ 时，由于整流输出电压波形不连续，其积分上限应予修正：

$$U_\mathrm{d} = \frac{3}{2\pi} \int_{\frac{\pi}{6}+\alpha}^{\pi} \sqrt{2}\,U_\mathrm{S} \sin\omega t\, \mathrm{d}(\omega t) = 0.675 U_\mathrm{S}\left[1 + \cos\left(\frac{\pi}{6} + \alpha\right)\right] \tag{6-3}$$

式中，U_S 为输入相电压有效值，也可用 U_2 表示。

输出负载电流的平均值为

$$I_\mathrm{d} = U_\mathrm{d}/R_\mathrm{d} \tag{6-4}$$

每只晶闸管流过的平均电流为

$$I_\mathrm{dT} = I_\mathrm{d}/3 \tag{6-5}$$

每只不导通晶闸管承受的反向电压为变压器的二次侧线电压，即

$$U_\mathrm{Tm} = \sqrt{2} \times \sqrt{3}\,U_2 = 2.45 U_2 \tag{6-6}$$

2. 负载为阻感性负载且负载电流连续的情况

每只晶闸管始终导通 120°，即 $\theta = 120°$。控制角 α 的移相范围为 $0° < \alpha \leqslant 90°$。当 $\alpha = 90°$ 时晶闸管承受 $\sqrt{6}\,U_\mathrm{S}$ 的最大正向电压，而在电阻性负载时晶闸管只承受 $\sqrt{2}\,U_\mathrm{S}$ 的正向电压。它们承受的最大反向电压都是一样的，都是 $\sqrt{6}\,U_\mathrm{S}$。

整流输出平均电压的表达式为

$$U_\mathrm{d} = \frac{3}{2\pi} \int_{\frac{\pi}{6}+\alpha}^{\frac{5\pi}{6}+\alpha} \sqrt{2}\,U_\mathrm{S} \sin\omega t\, \mathrm{d}(\omega t) = 1.17 U_\mathrm{S} \cos\alpha \tag{6-7}$$

整流输出平均电流的表达式为

$$I_\mathrm{d} = 1.17 \frac{U_\mathrm{S}}{R_\mathrm{d}} \cos\alpha \tag{6-8}$$

流过每只晶闸管的平均电流为

$$I_\mathrm{dT} = I_\mathrm{d}/3 \tag{6-9}$$

三相半波可控整流电路在带阻感性负载时，也可加续流二极管。加续流二极管后，U_d 电压波形与带纯电阻负载时一样；负载电流 i_d 的波形与带阻感性负载时一样。

6.4　实　践　内　容

(1) 在 MATLAB/Simulink 中构建单相桥式整流电路的仿真电路，设置相关参数，查看带电阻性负载的工作情况。

(2) 仿真测试三相半波可控整流电路在带电阻性负载和带阻感性负载时在不同触发角下的典型波形。

6.5　仿真过程与分析

仿真模型中主要使用的元器件模块和提取路径如表 6-1 所示。

表 6-1　三相整流电路主要元器件

元件名称	提取路径
交流电压源	Simscape/Power Systems/Specialized Technology/Fundamental Blocks/Electrical Sources/AC Voltage Source
直流电压源	Simscape/Power Systems/Specialized Technology/Fundamental Blocks/Electrical Sources/DC Voltage Source
晶闸管	Simscape/Power Systems/Specialized Technology/Fundamental Blocks/Power Electronics/Detailed Thyristor
单相 RLC 串联支路元件	Simscape/Power Systems/Specialized Technology/Fundamental Blocks/Elements/Series RLC Branch
脉冲发生器	Simulink/Sources/Pulse Generator
电压表	Simscape/Power Systems/Specialized Technology/Fundamental Blocks/Measurements/Voltage Measurement
电流表	Simscape/Power Systems/Specialized Technology/Fundamental Blocks/Measurements/Current Measurement
多路测量器	Simscape/Power Systems/Specialized Technology/Fundamental Blocks/Measurements/Multimeter
信号合成器	Simulink/Commonly Used Blocks/Mux
信号分解器	Simulink/Commonly Used Blocks/Demux
波形显示器	Simulink/Commonly Used Blocks/Scope
求平均值模块	Simscape/Power Systems/Specialized Technology/Fundamental Blocks/Measurements/Additional Measurement/Mean
数值显示器	Simulink/Sinks/Display
电力系统图形界面	Simscape/Power Systems/Specialized Technology/Fundamental Blocks/powergui

6.5.1　单相整流电路的建模与仿真

1. 系统的搭建

单相桥式全控整流电路的仿真模型如图 6-3 所示。

2. 元件参数的设置

(1) 电源参数的设置：单相交流电源的相电压有效值为 220V，峰值为 $220 \times \sqrt{2}$ V，设置 Peak amplitude 为 220 * sqrt(2)，频率为 50Hz，如果电路中用到多路测量仪，Measurements 可以选择 Voltage，不检测可以选择 None，如图 6-4 所示。

(2) 负载参数的设置：若为电阻性负载，Branch type 选择 R，设置 $R=2\Omega$；若为阻感性负载，Branch type 选择 RL，设置 $R=2\Omega$，$L=0.1$H，如图 6-5 所示。

(3) 本实验中晶闸管的触发采用简单的脉冲发生器（Pulse Generator）来产生，脉冲发生器的脉冲周期 T 必须和交流电源同步，晶闸管的控制角 α 以脉冲的延迟时间 t 来表示，有：$t=\alpha T/360°$，其中，α 为控制角，$T=1/f$，f 为交流电源频率。本实验中 f 设置为 50Hz，那么 $T=0.02$s，当 $\alpha=30°$ 时，Phase delay 即为（0.02/360）* 30；当 $\alpha=60°$ 时，Phase delay 即为（0.02/360）* 60，具体参数设置如图 6-6 所示。

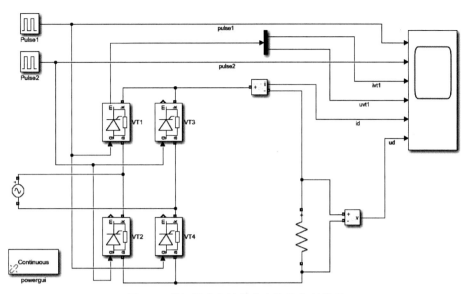

图 6-3　单相桥式全控整流电路的仿真模型

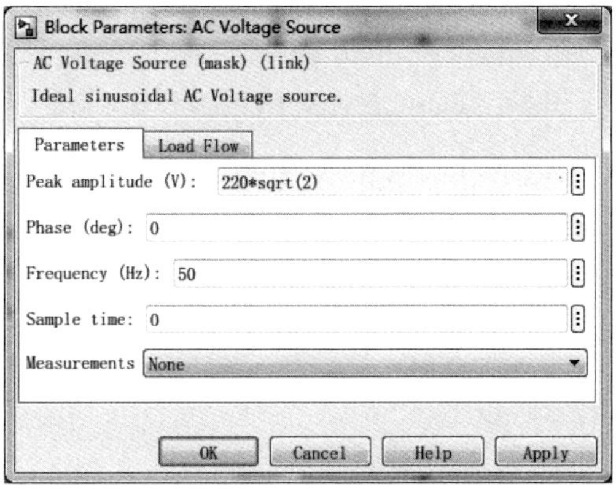

图 6-4　单相交流电源参数设置对话框

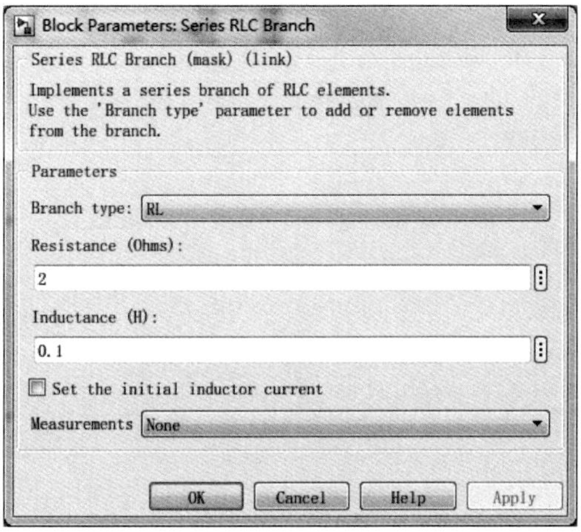

图 6-5　负载参数设置对话框

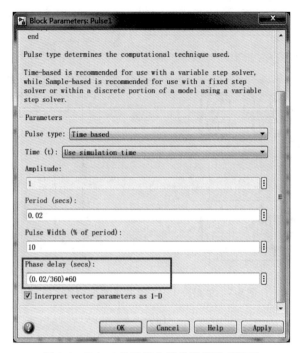

图 6-6　Pulse1 脉冲发生器参数设置对话框

　　VT1 和 VT4 共用一个触发脉冲 Pulse1，VT2 和 VT3 共用 Pulse2，和 Pulse1 正好反相，相位差为 180°，也就是半个周期 0.01s，Phase delay 在 Pulse1 的基础上延迟 0.01s。Pulse2 的参数设置如图 6-7 所示。

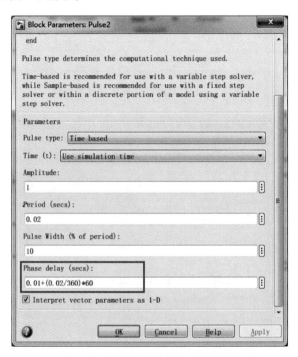

图 6-7　Pulse2 脉冲发生器参数设置对话框

（4）晶闸管保持默认参数。

（5）仿真参数设置如下：仿真时间为 0.06s，将 Stop time 设为 0.06，仿真算法选择 ode23tb，如图 6-8 所示。

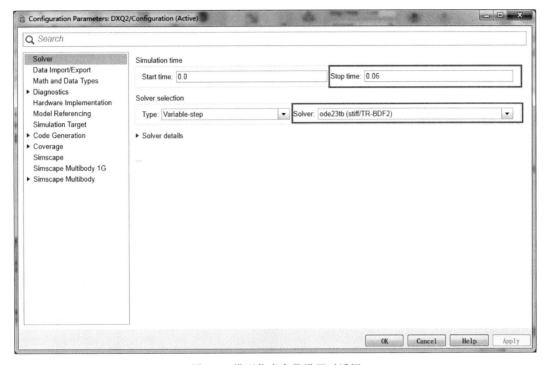

图 6-8　模型仿真参数设置对话框

参数设置完成后可以单击快捷键启动仿真，在平台下方可以看到仿真的进度。在仿真计算结束后，单击示波器图标会弹出示波器画面显示观测点的波形，并通过波形分析电路的工作情况。

3. 仿真结果分析

（1）带电阻性负载时的仿真结果

当 Branch type 选择 R 阻性负载时，$R = 2\Omega$，单击运行，查看示波器，能看到 6 个波形，分别是 2 个触发脉冲波形、晶闸管 VT1 的电流波形、晶闸管 VT1 的电压波形、经过整流之后的负载电流波形和负载电压波形。设置 $\alpha = 30°$ 时，仿真结果如图 6-9 所示；设置 $\alpha = 60°$ 时，仿真结果如图 6-10 所示。

（2）带阻感性负载时的仿真结果

当 Branch type 选 RL 阻感性负载时，$R = 2\Omega$，$L = 0.1\mathrm{H}$，仿真结果如图 6-11 所示。仿真结果与理论分析一致。

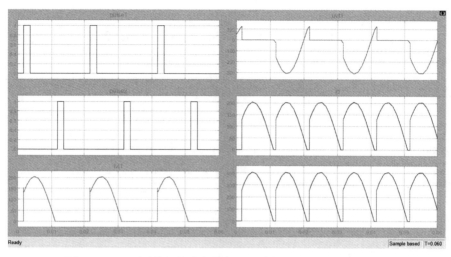

图 6-9   α＝30°时单相桥式全控整流电路仿真波形（电阻性负载）

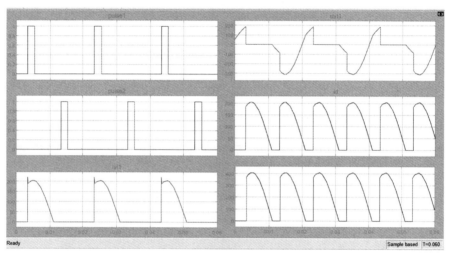

图 6-10   α＝60°时单相桥式全控整流电路仿真波形（电阻性负载）

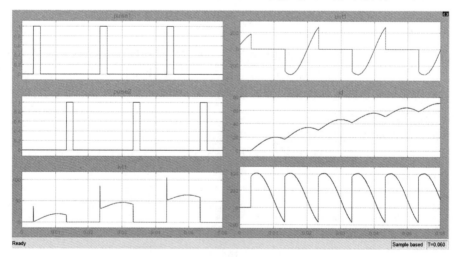

图 6-11   α＝60°时单相桥式全控整流电路仿真波形（阻感性负载）

6.5.2　三相半波可控整流电路的建模与仿真

按照图 6-12 搭建三相半波可控整流电路。若为电阻性负载，Branch type 选择 R，设置 $R=100\Omega$；若为阻感性负载，Branch type 选择 RL，设置 $R=100\Omega$，$L=0.1H$。6 脉冲发生器参数设置如下：频率为 50Hz，脉冲宽度取 5°，双脉冲触发方式不要选中，如图 6-13 所示。对于阻性负载，α 的移相范围是 0°～150°；对于阻感性负载，α 的移相范围是 0°～90°。设置 $\alpha=30°$，即将连接 6 脉冲发生器 alph_deg 端口的 constant 设置为 30。仿真时间为 0.1s，将 Stop time 设为 0.025，仿真算法选择 ode23tb。

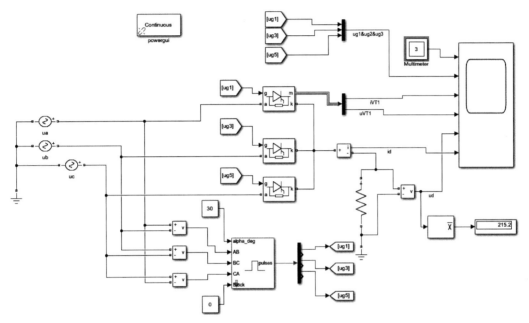

图 6-12　三相半波可控整流电路的仿真模型

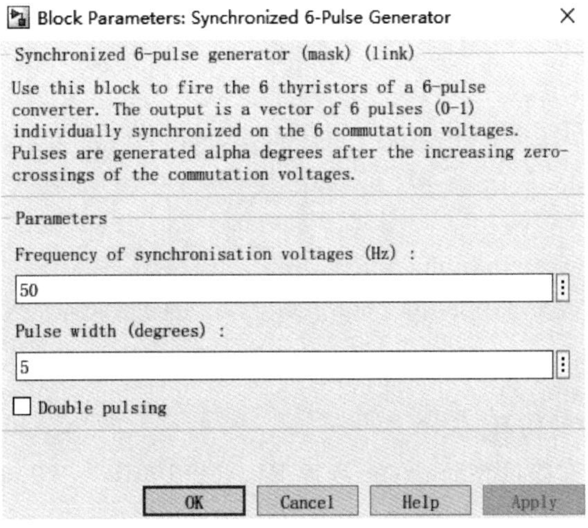

图 6-13　6 脉冲发生器参数设置对话框

（1）带电阻性负载的仿真

RLC 元件中的 Branch type 选择 R，设 $R=100\Omega$，双击 Scope（示波器），能看到 6 个波形，分别是三相交流电的相电压波形、触发脉冲波形、晶闸管电流波形、晶闸管电压波形、经过桥式整流之后的负载电压波形和负载电流波形。$\alpha=30°$ 时的仿真结果如图 6-14 所示，$\alpha=60°$ 时的仿真结果如图 6-15。

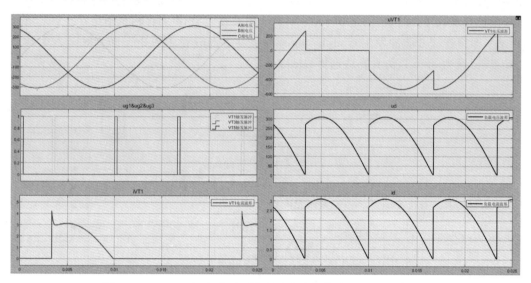

图 6-14　$\alpha=30°$ 时三相半波可控整流电路仿真波形（电阻性负载）

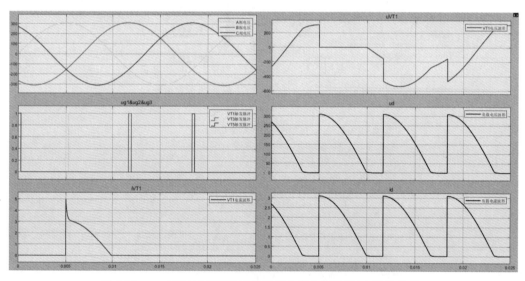

图 6-15　$\alpha=60°$ 时三相半波可控整流电路仿真波形（电阻性负载）

（2）带阻感性负载的仿真

修改负载 RLC 的参数，Branch type 选择 RL，$R=100\Omega$，$L=0.01\text{H}$，重新单击运行，查看输出波形。仿真结果如图 6-16 所示。

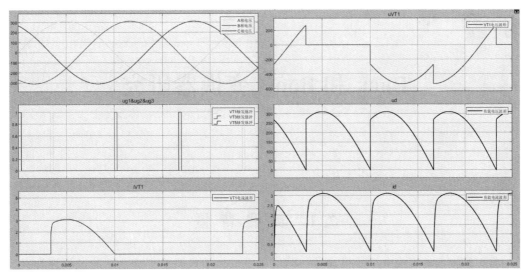

图 6-16　α＝60°时三相半波可控整流电路仿真波形(阻感性负载)

6.6　思考与实践

（1）单相桥式全控整流电路中晶闸管的脉冲是由哪个器件产生的，如何调节脉冲角的大小？

（2）比较带电阻性负载和带阻感性负载时仿真波形的不同。改变阻感性负载中电感的大小，波形有没有变化？有什么变化？

（3）三相半波可控整流电路在带阻感性负载时，也可加续流二极管。如何建立三相半波可控整流带阻感性负载接续流二极管仿真模型？还可以对模型进行哪些参数更改和改进？

第 7 章

Buck 和 Boost 变换器研究

7.1 实 践 背 景

将一种幅值的直流电压变换成另一幅值固定或大小可调的直流电压的过程称为直流-直流电压变换。它的基本原理是通过对电力电子器件的通断控制,将直流电压断续地加到负载上,通过改变占空比 D 来改变输出电压的平均值。它是一种开关型 DC-DC 变换电路,俗称直流斩波器(chopper)。

直流斩波技术可以用来降压和升压,已被广泛应用于直流电动机调速、蓄电池充电、开关电源等方面,特别是在电力牵引上,如地铁、城市轻轨、电气机车、无轨电车、电瓶车、电铲车等。这类电动车辆一般均采用恒定直流电源(如蓄电池、不控整流电源)供电,以往采用变阻器来实现电动车的启动、调速和制动,耗电多、效率低、有级调速、运行平稳性差等。采用直流斩波器后,可方便地实现无级调速、平稳运行,更重要的是比变阻器方式节电 20%～30%,节能效果显著。直流斩波不仅能起调压的作用,还能起有效抑制网侧谐波电流的作用。

DC-DC 变换器主要有以下几种形式:①Buck(降压型)变换器;②Boost(升压型)变换器;③Boost-Buck(升-降压型)变换器;④Cuk 变换器;⑤桥式可逆斩波器等。其中 Buck 和 Boost 变换器为基本类型变换器。

7.2 实 践 目 标

(1)掌握 Buck 变换器仿真实验技能和结果分析能力,具有设计 Buck 变换器的能力,具有分析 Buck 变换器特性和工作过程等问题的能力。

(2)掌握 Boost 变换器仿真实验技能和结果分析能力,具有设计 Boost 变换器的能力,具有分析 Boost 变换器特性和工作过程等问题的能力。

7.3 升/降压变换器研究

7.3.1 Buck 变换器的工作原理

Buck 变换器是一种降压斩波电路,通过控制开关管 VT 的导通占空比,输出电压 U_o 可

以在 $0\sim U_{\mathrm{d}}$ 变换,如图 7-1 所示。

图 7-1 为主电路等效图。其工作原理简述如图 7-2 和图 7-3 所示。

当 $0\leqslant t\leqslant t_1$ 时,晶体管 VT 导通,其等效电路如图 7-2 所示。

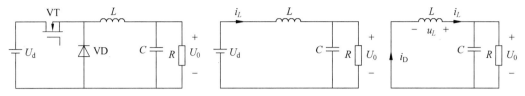

图 7-1　Buck 主电路等效图　　　图 7-2　VT 导通等效图　　　图 7-3　VT 关断等效图

假定时间 t 从 $0\rightarrow t_1$ 期间,U_0、U_{d} 不变,电感电流线性上升,从 I_1 上升到 I_2,则有

$$u_L = L\frac{\mathrm{d}i_L}{\mathrm{d}t} = L\frac{I_2 - I_1}{t_1} = L\frac{2\Delta i_L}{t_1} = U_{\mathrm{d}} - U_0 \tag{7-1}$$

当 $t_1\leqslant t\leqslant t_2$ 时,晶体管 VT 关断,续流二极管 VD 导通,等效电路如图 7-3 所示。此时电感 L 释放磁能,在时间 $t_1\rightarrow t_2$ 期间,电感电流从 I_2 下降到 I_1,则有

$$-u_L = L\frac{I_2 - I_1}{t_2 - t_1} = L\frac{2\Delta i_L}{t_2 - t_1} = U_0 \tag{7-2}$$

从上述情况可推导出:

$$U_0 = DU_{\mathrm{d}}, \quad D = \frac{t_{\mathrm{on}}}{T_{\mathrm{S}}} \tag{7-3}$$

式中,T_{S} 为开关周期,s;D 为占空比;t_{on} 为晶体管 VT 处于导通的时间,s。

同时,也可从占空比计算出输出电压的平均值 U_0,即

$$U_0 = \frac{1}{T_{\mathrm{S}}}\int_0^{T_{\mathrm{S}}} u_0(t)\mathrm{d}t = \frac{1}{T_{\mathrm{S}}}\left(\int_0^{t_{\mathrm{on}}} U_{\mathrm{d}}\mathrm{d}t + \int_{t_{\mathrm{on}}}^{T_{\mathrm{S}}} 0\mathrm{d}t\right) = \frac{t_{\mathrm{on}}}{T_{\mathrm{S}}}U_{\mathrm{d}} = DU_{\mathrm{d}} \tag{7-4}$$

同样可以得到 $U_0 = DU_{\mathrm{d}}$ 的关系式。

上述情况仅适用于电感电流连续的状态,即

$$K > K_{\mathrm{crit}}(D) = 1 - D \tag{7-5}$$

式中,$K = \frac{2L}{RT_{\mathrm{S}}}$,$K$ 为量纲为 1 的量。

对于电感电流断续的状态,$K < K_{\mathrm{crit}}(D) = 1 - D$ 时,则有

$$U_0 = \frac{2U_{\mathrm{d}}}{1 + \sqrt{1 + \dfrac{4K}{D^2}}} \tag{7-6}$$

当负载电流 $I > \Delta i_L$ 时,电路工作于连续导通状态;当负载电流 $I < \Delta i_L$ 时,电路工作于断续导通状态。

(1) 电感 L 的确定

根据电感电流在连续和不连续之间有个临界状态,估算电感时,电感的初始电流为 0A,取电感临界模式计算,此时

$$\Delta i_L = I_0 = \frac{U_0}{R} \tag{7-7}$$

$$u_L = L \frac{\mathrm{d}i_L}{\mathrm{d}t} = L \frac{I_2 - I_1}{t_1} = L \frac{2\Delta i_L}{t_1} = U_d - U_0 \tag{7-8}$$

可得电感电流连续条件：

$$L_b = \frac{U_d - U_0}{2\Delta i_L} DT_S = \frac{U_d - U_0}{2I_0} DT_S = \frac{U_d - U_0}{2I_0 f} D = \frac{1-D}{2f} R \tag{7-9}$$

式中，R 为负载电阻，Ω；f 为开关频率，Hz。

若 $L > L_b$，电感电流处于连续导通模式；若 $L = L_b$，电感电流处于临界导通模式；若 $L < L_b$，电感电流处于断续导通模式。

（2）电容 C 的确定

电感电流处于连续导通模式下的滤波器电感电流 i_L 由一个直流分量叠加一个三角波交流分量组成。几乎所有的交流分量都流经滤波器电容，记为 i_C。i_C 产生一个小的电压脉动，叠加在直流输出电压 U_0 上。为了最大限度地制约纹波电压，滤波电容 C 必须满足下式：

$$C > \frac{U_0(1-D)}{8L\Delta U f^2} \tag{7-10}$$

式中，U_0 为输出电压，V；ΔU 为电压改变量，V；L 为电感，H。

7.3.2 Boost 变换器的工作原理

Boost 变换器是一种升压斩波电路，其输出电压 U_0 等于或高于输入电压 U_d，主电路等效图如图 7-4 所示。

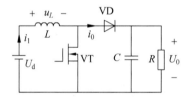

图 7-4 Boost 主电路等效图

当可控开关 VT 处于通态时，时间为 t_{on}，电源向电感 L 充电，充电电流基本恒定为 I_1，同时电容 C 的电压向负载 R 供电。因 C 值很大，基本保持输出电压 U_0 为恒值，L 上积累的能量为 $U_d I_1 t_{on}$。当 VT 处于断态时，时间为 t_{off}，U_d 和 L 共同向电容 C 充电并向 R 提供能量，此期间电感 L 释放的能量为 $(U_0 - U_d)I_1 t_{off}$。当电路工作处于稳态时，一个周期中电感 L 积蓄和释放的能量相等，即

$$U_d I_1 t_{on} = (U_0 - U_d)I_1 t_{off} \tag{7-11}$$

化简得

$$U_0 = \frac{t_{on} + t_{off}}{t_{off}} U_d = \frac{1}{1-D} U_d \tag{7-12}$$

上述情况仅适用于电感电流连续的状态，即

$$K > K_{crit}(D) = D(1-D)^2 \tag{7-13}$$

式中：$K = \dfrac{2L}{RT_S}$，K 为量纲为 1 的量。

对于电感电流断续状态，$K < K_{\text{crit}}(D) = D(1-D)^2$ 时，则有

$$U_0 = \frac{1 + \sqrt{1 + \dfrac{4D^2}{K}}}{2} U_d \tag{7-14}$$

当负载电流 $I > \Delta i_L$ 时，电路工作于连续导通状态；当负载电流 $I < \Delta i_L$ 时，电路工作于断续导通状态。

（1）电感 L 的确定

根据电感电流在连续和不连续之间有个临界状态，可推导出电感电流连接条件：

$$L_b = \frac{(1-D)^2 DR}{2f} \tag{7-15}$$

若 $L > L_b$，电感电流处于连续导通模式；若 $L = L_b$，电感电流处于临界导通模式；若 $L < L_b$，电感电流处于断续导通模式。

（2）电容 C 的确定

输出电压波动为导通时电容的电压变化量，是由导通和关断导致的能量转换引起的。根据公式 $C \dfrac{\mathrm{d}U}{\mathrm{d}t} = i$，有 $C \dfrac{\mathrm{d}U}{\mathrm{d}t} = I_0 = \dfrac{U_0}{R}$，可得

$$C = \frac{DI_0}{\Delta U f} = \frac{DU_0}{\Delta U R f} \tag{7-16}$$

电容起到稳压的作用，所以

$$C \geqslant \frac{DU_0}{\Delta U R f} \tag{7-17}$$

7.4　实　践　内　容

（1）Buck 变换器的 MATLAB 建模和模型参数设置，Buck 变换器模型仿真及仿真结果分析。

（2）Boost 变换器的 MATLAB 建模和模型参数设置，Boost 变换器模型仿真。

7.5　仿真过程与分析

仿真模型中主要使用的元器件模块和提取路径如表 7-1 所示。

表 7-1　Buck 和 Boost 变换器仿真常用模块

元 件 名 称	提 取 路 径
直流电压源	Simscape/Electrical/Specialized Power Systems/Fundamental Blocks/Electrical Sources/DC Voltage Source
IGBT	Simscape/Electrical/Specialized Power Systems/Fundamental Blocks/Power Electronics/IGBT
功率二极管	Simscape/Electrical/Specialized Power Systems/Fundamental Blocks/Power Electronics/Diode

续表

元 件 名 称	提 取 路 径
单相 RLC 串联支路元件	Simscape/Electrical/Specialized Power Systems/Fundamental Blocks/Elements/Elements/Series RLC Branch
脉冲发生器	Simulink/Sources/Pulse Generator
电流表	Simscape/Electrical/Specialized Power Systems/Fundamental Blocks/Measurements/Current Measurement
多路测量器	Simscape/Electrical/Specialized Power Systems/Fundamental Blocks/Measurements/Multimeter
信号分解器	Simulink/Commonly Used Blocks/Demux
波形显示器	Simulink/Commonly Used Blocks/Scope
求平均值模块	Simscape/Electrical/Specialized Power Systems/Fundamental Blocks/Measurements/Additional Measurements/Mean
数值显示器	Simulink/Sinks/Display

7.5.1　Buck 变换器的仿真实验

1. Buck 变换器的建模

Buck 变换器的仿真模型如图 7-5 所示。

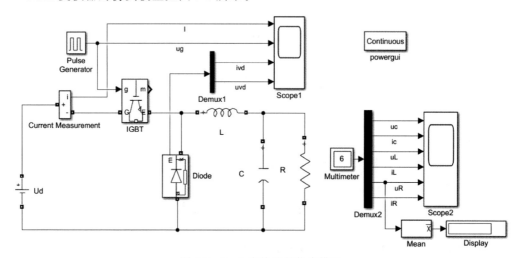

图 7-5　Buck 变换器的仿真模型

2. 元件参数的设置

（1）电路参数的设置

主电路主要由直流电源、一个 IGBT、二极管、滤波电容和滤波电感以及负载组成,直流电源参数设置为 100V,负载为纯电阻 10Ω,滤波电容参数为 20μF,滤波电感参数为 2mH。图 7-6 为滤波电感参数设置,Measurements 设置为 Branch voltage and current,其余参数为默认值。

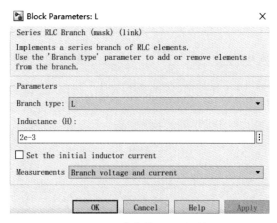

图 7-6　电感参数设置对话框

（2）控制电路参数的设置

控制电路的仿真模型主要有一个脉冲触发器通向 IGBT，周期设置为 0.00025，脉冲宽度比的大小设置可改变输出负载电压的大小，脉冲宽度比设置为 50，幅值设置为 1V。具体参数设置如图 7-7 所示。

图 7-7　脉冲发生器参数设置对话框

（3）测量模块参数的设置

多路测量器选择电容电压、电容电流，电感电压、电感电流，电阻电压、电阻电流参数进行测量，如图 7-8 所示。平均值（Mean）模块频率设置为 4000Hz。仿真模型中其他模块参数设置为默认值。

（4）系统仿真参数的设置

仿真算法选择 ode23tb，仿真开始时间为 0s，结束时间为 0.005s。

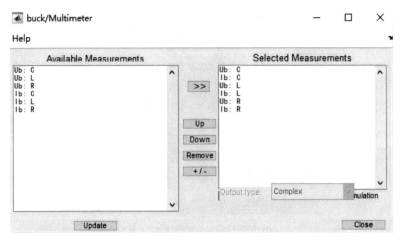

图 7-8　多路测量器参数设置界面

3. 仿真结果分析

（1）电感电流处于连续导通状态时，占空比改变的仿真结果分析

示波器 1 显示的波形分别为开关管 VT 电流 I、驱动信号 U_g、二极管电流 i_{VD}、二极管电压 u_{VD} 的波形。示波器 2 显示的波形分别为电容电压 u_c 的波形、电容电流 i_c 的波形、电感电压 u_L 的波形、电感电流 i_L 的波形、输出电压 u_R 的波形、输出电流 i_R 的波形。脉冲宽度比的大小设置为 50 时，图 7-9 为示波器 1 显示的波形，图 7-10 为示波器 2 显示的波形。占空比改变，输出的电压幅值也发生相应的变化，并满足公式：$U_0 = DU_d$。

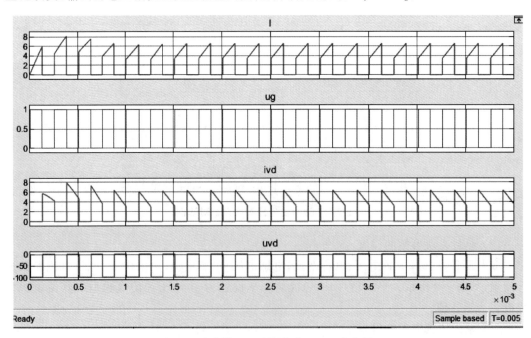

图 7-9　示波器 1 显示的波形（Buck 变换器）

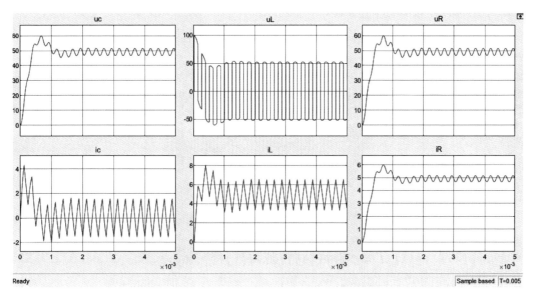

图 7-10　示波器 2 显示的波形 1(Buck 变换器)

（2）电感电流处于临界导通状态时的仿真结果分析

当输入电压 $U_0 = 100\mathrm{V}$、$R = 10\Omega$、$C = 20\mu\mathrm{F}$、$T_s = 0.25\mathrm{ms}$、占空比为 50％时，根据式(7-9)可以计算出电感电流处于临界导通模式时的电感量 $L_b = 6.25 \times 10^{-4}\,\mathrm{H}$。

当电感电流处于临界导通状态时，示波器 2 显示的波形如图 7-11 所示。从图 7-11 可以看出此时的电感电流处于临界导通状态。仿真时若电感取值 $L > L_b$，电感电流处于连续导通模式；若 $L < L_b$，电感电流处于断续导通模式。

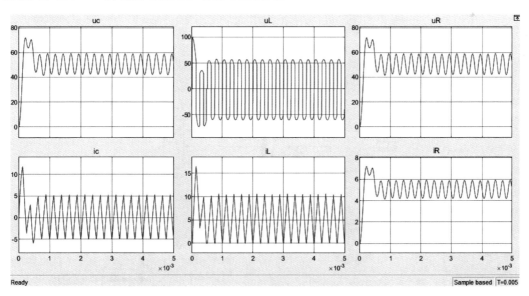

图 7-11　示波器 2 显示的波形 2(Buck 变换器)

（3）电感电流处于连续导通状态时，电容参数改变的仿真结果分析

当输入电压 $U_0 = 100\mathrm{V}$、$R = 10\Omega$、$T_s = 0.25\mathrm{ms}$、$L = 2\mathrm{mH}$、$D = 50\%$、$\Delta U = 10\mathrm{V}$ 时，根

据式(7-10)可以计算出电容值参数 $C=9.765\mu\text{F}$。

仿真波形如图 7-12 所示。从图 7-12 中的负载电阻电压波形可以看出电压改变量为 10V。

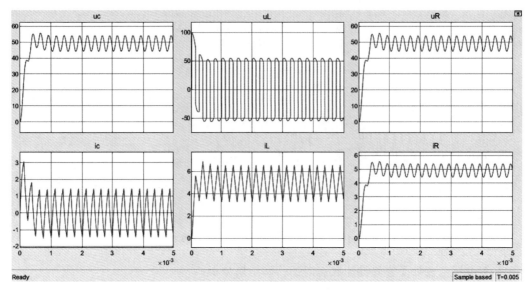

图 7-12　电容参数改变时示波器 2 显示的波形(Buck 变换器)

7.5.2　Boost 变换器的仿真实验

仿真模型中主要使用的元器件模块和提取路径如表 7-1 所示。

1. Boost 变换器的建模

Boost 变换器的仿真模型如图 7-13 所示,脉冲发生器的参数设置中周期设置为 0.0001s,平均值(Mean)模块频率设置为 1000Hz,其余参数设置参见 Buck 变换器。

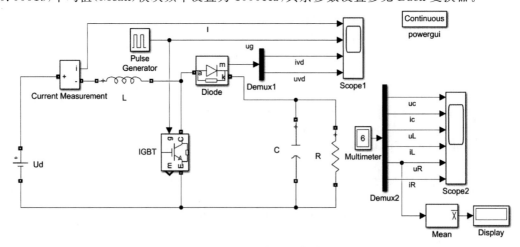

图 7-13　Boost 变换器的仿真模型

2. 仿真结果分析

(1) 电感电流处于连续导通状态时,占空比改变的仿真结果分析

图 7-14 为占空比为 50% 时示波器 1 显示的波形,图 7-15 为占空比为 50% 时示波器 2 显示的波形。占空比改变,输出的电压幅值也发生相应变化,满足 $U_0=U_d/(1-D)$。

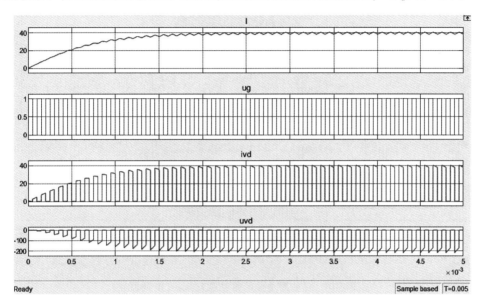

图 7-14　示波器 1 显示的波形(Boost 变换器)

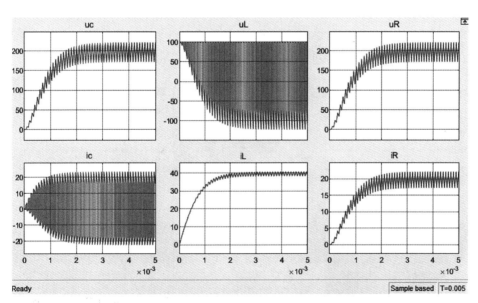

图 7-15　示波器 2 显示的波形 1(Boost 变换器)

(2) 电感电流处于临界连续导通状态时的仿真结果分析

当输入电压 $U_0=100\text{V}$、$R=10\Omega$、$C=20\mu\text{F}$、$T_S=0.1\text{ms}$、$D=50\%$ 时,根据式(7-15)可

以计算出电感电流处于临界导通模式时的电感量 $L_b = 6.25 \times 10^{-5}$ H。

当电感电流处于临界导通状态时,示波器 2 显示的波形如图 7-16 所示。从图 7-16 可以看出此时的电感电流处于临界导通状态。仿真时若电感取值 $L > L_b$,电感电流处于连续导通模式;若 $L < L_b$,电感电流处于断续导通模式。

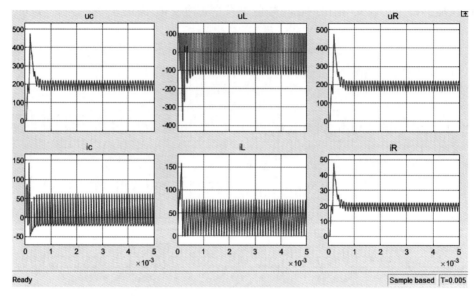

图 7-16　示波器 2 显示的波形 2(Boost 变换器)

(3) 电感电流处于连续导通状态时,电容参数改变的仿真结果分析

当输入电压 $U_0 = 100$V、$R = 10\Omega$、$T_s = 0.1$ms、$L = 2$mH、$D = 50\%$、$\Delta U = 20$V 时,根据式(7-17)可以计算出电容值参数 $C = 0.05$mF。示波器 2 显示的波形如图 7-17 所示,从图 7-17 中的负载电阻电压波形可以看出电压改变量为 20V。

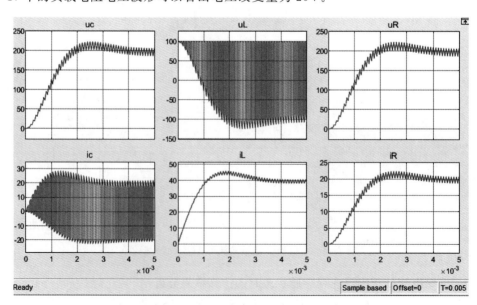

图 7-17　电容参数改变时示波器 2 显示的波形(Boost 变换器)

7.6　思考与实践

（1）Buck 变换器电感电流将处于连续导通状态时，请分别改变 f 和 R 的大小，观察波形变化情况。

（2）当输入电压 $U_0 = 100\text{V}$、$R = 10\Omega$、$C = 20\mu\text{F}$、$T_s = 0.25\text{ms}$、$D = 30\%$，Buck 变换器处于临界连续导通状态时，计算电感量，并观察示波器波形。

（3）简述 Boost 电路的特点。

第 8 章

三相桥式 PWM 逆变电路研究

8.1 实 践 背 景

将直流电变换成交流电,即 DC-AC 变换称为逆变。将直流电逆变成频率可变的交流电并直接供给用电负载,称为无源逆变。

逆变电路经常和变频电路的概念联系在一起,两者既有联系又有区别。变频电路是将一种频率的交流电变换为另一种频率的交流电的电路,可分为交-交直接变频电路和交-直-交间接变频电路。交-直-交间接变频电路由交-直变换电路和直-交变换电路两部分组成,交-直变换电路即为整流电路,直-交变换电路即为逆变电路,直-交变换电路是间接变频电路的核心环节。可见,无源逆变电路实际上是逆变和变频两个概念的交汇点。由于无源逆变电路在电力电子电路中占有举足轻重的地位,因此通常所说的变频指无源逆变电路。

DC-AC 变换输出的是交流电能,要求其波形为正弦波、输出谐波含量少,为此,可从逆变电路拓扑结构上进行改造,如采用多重化、多电平变换电路;也可从控制方法上解决,如采用正弦脉宽调制(SPWM)技术。

PWM(pulse width modulation)一般指脉冲宽度调制,基本原理是对逆变电路开关器件的通断进行控制,使输出端得到一系列幅值相等但宽度不一致的脉冲,用这些脉冲来代替正弦波或所需波形。

DC-AC 变换应用非常广泛,各类直流电源(如蓄电池、电瓶、太阳能光伏电池等)需向交流负载供电时就需先进行逆变;交流电机用变频器、不间断电源、有源滤波器、感应加热装置等,其核心变换就是逆变,所以 DC-AC 逆变技术是电力电子电路中最为重要的变换技术。

8.2 实 践 目 标

掌握三相桥式 PWM 逆变电路仿真实验技能和结果分析能力,具有分析和解决三相桥式 PWM 逆变电路工作过程等问题的能力。

8.3　三相桥式 PWM 逆变电路的工作原理

采用 IGBT 作为开关器件的三相桥式 PWM 逆变电路线路如图 8-1 所示。

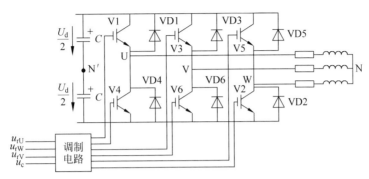

图 8-1　三相桥式 PWM 逆变电路

　　三相桥式逆变器由 6 个带反并联续流二极管的 IGBT 组成,分别为 V1～V6;直流侧有两个串联电容,它们共同提供直流电压 U_d;负载为三相星形接法的阻感负载;调制电路由三相交流正弦调制波和三角载波组成。其中三角载波频率和正弦调制波频率之比称为载波频率,正弦调制波幅值和三角载波幅值之比称为调制度,用 m 表示(也称调制比,$0 < m \leqslant 1$),这是 SPWM 调制中的两个重要参数。三角载波和正弦调制波相互调制产生 6 路脉冲信号,分别给 6 个 IGBT 提供触发信号。

　　U 相、V 相和 W 相的 PWM 控制通常公用一个三角载波 u_c,三相的调制信号 u_{rU}、u_{rV} 和 u_{rW} 依次相差 $120°$。U、V 和 W 各相功率开关器件的控制规律相同,现以 U 相为例来说明。当 $u_{rU} > u_c$ 时,给上桥臂 V1 以导通信号,给下桥臂 V4 以关断信号,则 U 相相对于直流电源假想中 N' 的输出电压 $u_{UN'} = U_d/2$。当 $u_{rU} < u_c$ 时,给 V4 以导通信号,给 V1 以关断信号,则 $u_{UN'} = -U_d/2$。V1 和 V4 的驱动信号始终是互补的。当给 V1(V4)加导通信号时,可能是 V1(V4)导通,也可能是二极管 VD1(VD4)续流导通,这要由阻感负载中电流的方向来决定。V 相及 W 相的控制方式都和 U 相相同,电路的波形如图 8-2 所示。可以看出:$u_{UN'}$、$u_{VN'}$ 和 $u_{WN'}$ 的 PWM 波形都只有 $\pm U_d/2$ 两种电平。线电压 u_{UV} 的波形可由 $u_{UN'}$、$-u_{VN'}$ 得出。逆变器的输出线电压 PWM 波形由 $\pm U_d$ 和 0 三种电平构成。负载相电压的 PWM 波形由 $\pm 2/3U_d$、$\pm 1/3U_d$ 和 0 共 5 种电平组成。

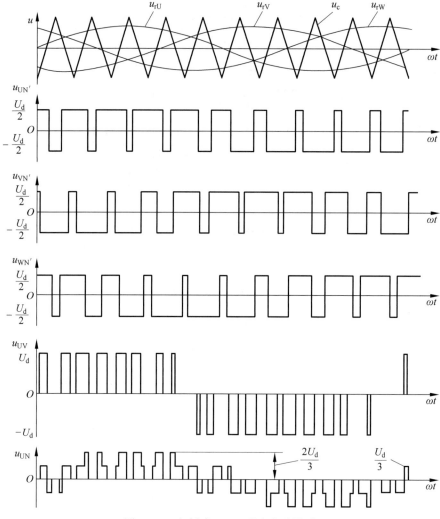

图 8-2　三相桥式 PWM 逆变电路波形

8.4　实　践　内　容

（1）三相桥式 PWM 逆变电路的 MATLAB 建模和模型参数设置。

（2）三相桥式 PWM 逆变电路模型仿真。

（3）观察在 PWM 控制方式下电路输出线电压和负载相电压的波形。

（4）学会观察电路的频谱图并进行谐波分析。

8.5　仿真过程与分析

仿真模型中主要使用的元器件模块和提取路径如表 8-1 所示。

表 8-1　三相桥式 PWM 逆变电路仿真常用模块

元 件 名 称	提 取 路 径
直流电压源	Simscape/Electrical/Specialized Power Systems/Fundamental Blocks/Electrical Sources/DC Voltage Source
三相整流桥	Simscape/Electrical/Specialized Power Systems/Fundamental Blocks/Power Electronics/ Universal Bridge
三相 RLC 串联支路元件	Simscape/Electrical/Specialized Power Systems/Fundamental Blocks/Elements/ Three-Phase Series RLC Branch
脉冲发生器	Powerlib_extras/Discrete Control Blocks/Discrete PWM Generator
多路测量器	Simscape/Electrical/Specialized Power Systems/Fundamental Blocks/Measurements/Multimeter
地端	Simscape/Electrical/Specialized Power Systems/Fundamental Blocks/Elements/ Ground
信号分解器	Simulink/Commonly Used Blocks/Demux
波形显示器	Simulink/Commonly Used Blocks/Scope
电力系统图形界面	Simscape/Electrical/Specialized Power Systems/Fundamental Blocks/powergui

1. 三相桥式 PWM 逆变电路的建模

三相桥式 PWM 逆变电路的仿真模型如图 8-3 所示。

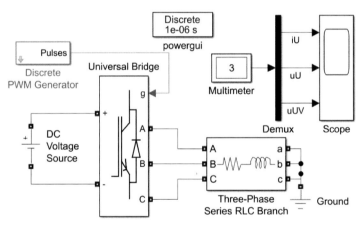

图 8-3　三相桥式 PWM 逆变电路的仿真模型

Discrete PWM Generator 模块的查找过程：在 MATLAB 命令窗口中输入 powerlib_extras，打开 Discrete Control 模块，里面就有 Discrete PWM Generator，用来给三相逆变电路提供调制控制信号，如图 8-4 所示。右键单击 Mask，再单击 Look under mask，可以查看内部结构。

2. 元件参数的设置

（1）主电路参数的设置

主电路主要由直流电源、三相整流桥、三相 RLC 串联负载组成。直流电源参数设置为400V。三相整流桥（Universal Bridge）参数设置如下：选择 3 个桥臂，器件采用 IGBT，

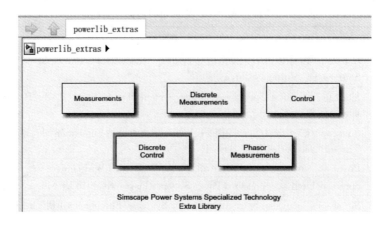

(a)

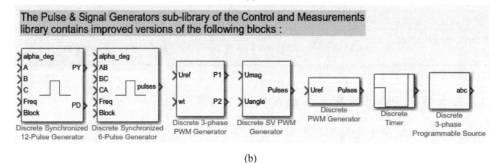

(b)

图 8-4　Discrete PWM Generator 查找过程

（a）Discrete Control 模块；（b）Discrete PWM Generator 模块

Measurements 选择 Branch voltage and curren，其他参数采用默认值。三相 RLC 串联负载参数设置如下：选择阻感负载，即 Branch Type 选择 RL，$R=10\Omega$，$L=10\mathrm{mH}$；Measurements 选择 Branch voltage and current，其他参数采用默认值。

（2）控制电路的建模和参数的设置

控制电路的仿真模型主要有一个 Discrete PWM Generator 产生 6 个脉冲通向三相整流桥。选择 6 脉冲方式，载波频率设为 3000Hz，采样时间设为 $1\mu s$，调制度 m 设为 0.866，调制波频率设为 50Hz，具体参数设置如图 8-5 所示。

多路测量器选择负载电流形、负载相电压和线电压参数进行测量，如图 8-6 所示。将 powergui 设置为离散系统，Simulation type 选择 Discrete，采样时间填写 1e−6 即 $1\mu s$。仿真算法选择 ode23tb，仿真开始时间为 0s，结束时间为 0.04s。

3. 仿真结果分析

（1）仿真波形分析

仿真结果如图 8-7 所示，从上到下依次为负载相电流 i_U 的波形、负载相电压 u_U 的波形、输出线电压 u_{UV} 的波形。从图 8-7 可知，三相桥式 PWM 逆变电路的负载相电压 u_U 由 $\pm 2/3U_d$、$\pm 1/3U_d$ 和 0 共五种电平组成，输出线电压 u_{UV} 由 $\pm U_d$ 和 0 三种电平构成，仿真结果与理论分析一致。

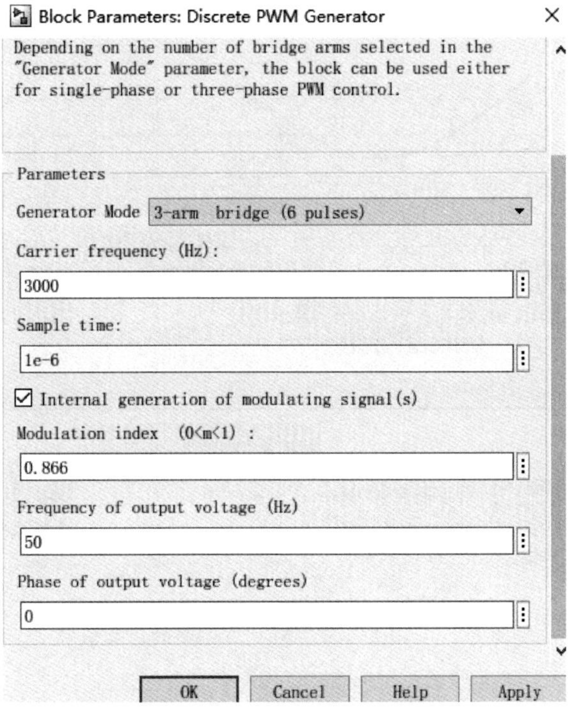

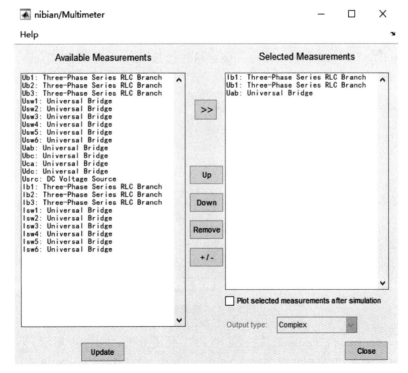

图 8-5　Discrete PWM Generator 参数设置

图 8-6　多路测量器参数设置

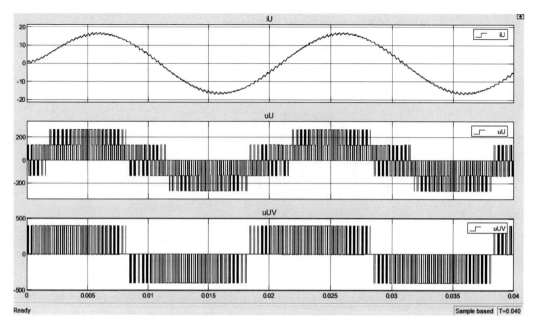

图 8-7　三相桥式 PWM 逆变电路的仿真结果

（2）频谱分析

对波形进行频谱分析，需要双击示波器，在 View 菜单栏中选择 Configuration Properties。首先单击 Main 菜单栏，将采样时间设为 1e−6。单击 Logging 菜单栏，选中 Log data to workspace，将示波器显示的波形保存到工作区，修改变量名 Variable name：如果观察输出相电流，可将变量名改为 i_U；如果观察输出相电压，可将变量名改为 u_U；如果观察输出线电压，可将变量名改为 u_{UV}。保存格式选择 Structure With Time。如图 8-8 所示，单击 OK 保存，再仿真运行。

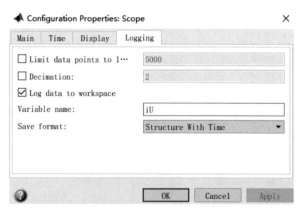

图 8-8　示波器设置

双击 powergui，单击 Tools 工具栏，选择 FFT 频谱分析，如图 8-9 所示。

输出相电流的 FFT 分析结果如图 8-10 所示，从图 8-10 可知，输出相电流的基波幅值为 16.41A，谐波总畸变率 THD＝7.10％，近似为正弦波。

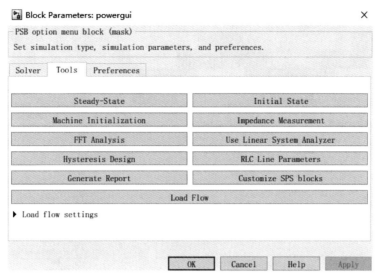

图 8-9　powergui 设置

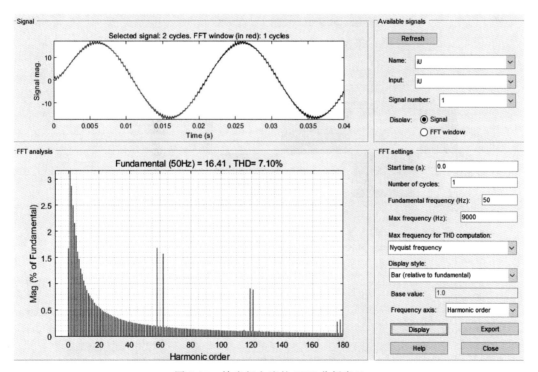

图 8-10　输出相电流的 FFT 分析窗口

　　输出相电压的 FFT 分析结果如图 8-11 所示,从图 8-11 可知,输出相电压的基波幅值为 171.9V,谐波总畸变率 THD＝84.14％。

　　输出线电压的 FFT 分析结果如图 8-12 所示,从图 8-12 可知,输出线电压的基波幅值为 297.8V,谐波总畸变率 THD＝84.13％,仿真结果正确。

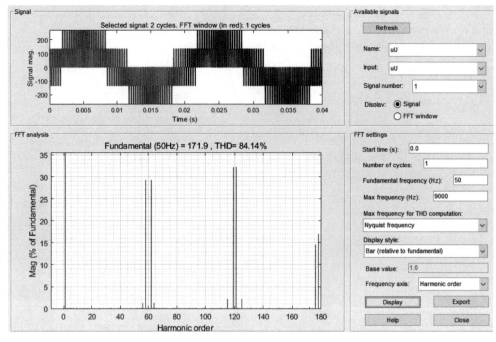

图 8-11 输出相电压的 FFT 分析窗口

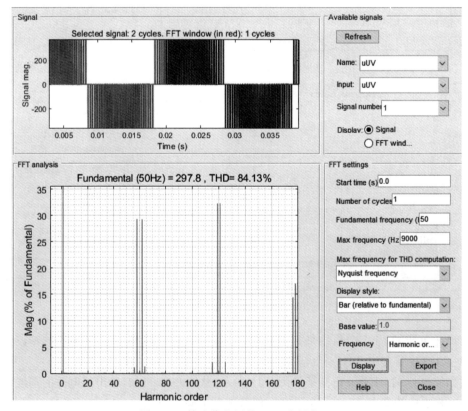

图 8-12 输出线电压的 FFT 分析窗口

8.6　思考与实践

（1）试说明 PWM 控制的基本原理。

（2）试对三相桥式 PWM 逆变电路进行仿真，将调制度 m 设为 0.8，查看输出相电流波形、输出相电压波形以及输出线电压波形。

第3篇　电机磁场特性的
有限元分析与实践

有限元软件简介与入门

9.1 Ansoft/Maxwell 电磁分析软件介绍

ANSOFT 公司的 Maxwell 是一个功能强大、结果精确、易于使用的二维/三维(2D/3D)电磁场有限元分析软件。它的求解模块包括静电场、静磁场、时变电场、时变磁场、涡流场、瞬态场和温度场计算等,可以用来分析电机、传感器、变压器、永磁设备以及激励器等电磁装置的静态、瞬态、稳态、正常工况和故障工况的特性。

Ansoft/Maxwell 2D 电磁分析模块共包含 9 个求解器与分析器,如表 9-1 所示。本章主要用到的是二维瞬态求解器(2D Transient Solver),用于求解某些涉及运动和任意波形的电压、电流源激励的设备(如电机、无摩擦轴承、涡流断路器),获得精确的预测性能特性。该模块能同时求解磁场、电路及运动等强耦合的方程,因而容易解决上述装置的性能分析问题。

表 9-1 Ansoft/Maxwell 2D 电磁分析模块

序号	名 称	用 途
1	二维静磁场求解器	分析由恒定电流、永磁体及外部激磁引起的磁场
2	二维涡流场求解器	分析受涡流、趋肤效应、邻近效应影响的系统
3	二维轴向磁场涡流求解器	分析电流在模型截面内流动且磁场与截面垂直的问题
4	二维静电场求解器	分析由直流电压源、永久极化材料、高电压绝缘体中电荷/电荷密度、套管、断路器及其他静态泄放装置引起的静电场
5	二维恒定电场求解器	分析直流电压分布,计算损耗介质中流动的电流、电纳和储能
6	二维交变电场求解器	除电介质及正弦电压源的传导损耗外,该求解器与静电场求解器类似
7	二维瞬态求解器	求解某些涉及运动和任意波形的电压、电流源激励的设备
8	二维温度场求解器	提供稳态热分析功能,包括传导、辐射及二维交流磁场与温度场的单向耦合
9	二维参数分析器	参数分析器允许用户在 Maxwell 2D 中设置多项可变设计量,如位置、形状、材料属性、源或边界设置及频率等。

9.2 Ansoft/Maxwell 软件快速入门

Ansoft/MaxWell 14 在不同的计算模块中有不同的计算侧重点,但作为有限元软件,其计算流程和模型绘制、材料添加、后处理等操作又具有很大程度的相似性。为方便阅读和查阅,本章将相似性较高的部分取出,单独说明,主要内容如下:

（1）Maxwell 2D 的界面环境;

（2）Maxwell 2D 的模型绘制;

（3）Maxwell 2D 的材料管理;

（4）Maxwell 2D 的边界条件和激励源;

（5）Maxwell 2D 的网格剖分和求解设置;

（6）Maxwell 2D 的后处理。

9.2.1　Maxwell 2D 的界面环境介绍

图 9-1 给出了 Maxwell 14 2D 操作界面,分为 6 个工作区间。

（1）工程管理栏:可以管理一个工程文件中的不同部分或管理几个工程文件。

（2）工程状态栏:在对某一部件的属性操作时,可在此看到操作的信息。

（3）工程树栏:在此可以看到模型中的各个部件及材料属性、坐标系统等关键信息,也方便用户对其进行分别管理。

（4）工程绘图区:用户可在此绘制要计算的模型,也可在此显示计算后的场图结果和数据曲线等信息。绘图时带有笛卡儿坐标系和绘图网格,方便用户绘制模型。

（5）工程信息栏:显示工程文件在操作时的一些详细信息,如警告提示、错误提示、求解完成信息等。

（6）工程进度栏:主要显示求解进度、参数化计算进度等,该进度信息通常会用红色进度条表示完成的百分比。

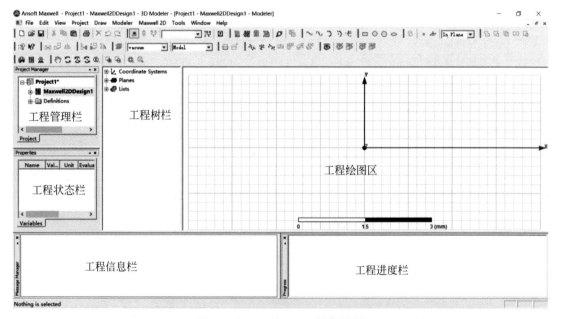

图 9-1　Maxwell 14 2D 操作界面

这些工作区可以通过 View 菜单栏中的对应项是否勾选来决定其工作区域是否显示出来，如图 9-2 所示。

图 9-2 View 菜单栏下恢复操作区域

在界面的主菜单下有多个快捷按钮，如表 9-2 所示。其中，计算类型快捷按钮从左至右分别为新建 Maxwell 3D 工程、新建 Maxwell 2D 工程和新建 RMxprt 工程。文本类快捷按钮包括新建、打开、保存和打印等常用功能按钮。视图操作快捷按钮包括视图移动、旋转、缩放和全局视图等按钮。模型绘制快捷按钮包括绘制线段、曲线、圆、圆弧和函数曲线按钮，以及绘制矩形面、圆面、正多边形面和椭圆面按钮。模型材料快捷按钮的主要功能是：在绘制模型前可以单击下拉菜单事先选择好所绘模型的材料，方便按照材料进行模型绘制分组，软件默认的是真空材料。相对坐标系快捷按钮的作用是：对于永磁体充磁和特殊几何模型绘制时需要采用局部坐标系，通过使用快捷按钮可以将坐标系移动和旋转，从而生成新的局部坐标系。最后是模型检测、求解和书写注释等快捷按钮，在求解模型前，用户先检测模型，看是否有错误和警告，以便在求解前排除问题。

表 9-2 快捷键示例

序号	快捷键名称	操作按钮
1	计算类型快捷按钮	
2	文本类快捷按钮	
3	视图操作快捷按钮	
4	模型绘制快捷按钮	
5	模型材料快捷按钮	vacuum ▼ Model ▼
6	相对坐标系快捷按钮	
7	模型检测、求解和书写注释等快捷按钮	

9.2.2 Maxwell 2D 的模型绘制

Maxwell 2D 的模型可以采用 AutoCAD 导入或者直接在 Maxwell 软件中绘制。对于结构复杂的仿真模型，可采用 AutoCAD 建模后导入的方式，利用 AutoCAD 强大便捷的制图操作，能够提高效率，节省绘图时间。而较为简单的仿真模型则可以直接在 Maxwell 软

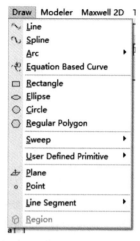

图 9-3　Maxwell 14 绘图菜单

件中绘制。绘制二维模型时,既可以采用快捷按钮绘图,也可以采用下拉菜单绘制,两者效果相同。在图 9-3 所示的绘图菜单栏中,自上而下分别为:绘制线段、绘制曲线、绘制圆弧和绘制函数曲线,绘制矩形面、绘制椭圆面、绘制圆面和绘制正多边形面域,沿路径扫描,插入已有模型,绘制面、绘制点,插入多段线等操作选项,最后灰色的按钮是创建域,多用来绘制求解域等。

在讲解模型绘制前,需要事先介绍软件的默认坐标系和模型绘制方式。图 9-4 所示的是在屏幕右下角的模型绘制坐标系,无论绘制线段还是圆弧,都可以在此对话框中输入所给定的坐标,因为软件采用的是 2D 和 3D 在同一个绘图区,所以在绘制 2D 模型时 Z 方向上的量可以恒定为 0,仅输入 X 和 Y 方向上的坐标数据即可。在三个方向上数据栏后有两个下拉菜单,第一个下拉菜单用于选择绘制模型时的坐标形式,默认采用绝对坐标(Absolute),也可以通过下拉菜单将其更换为相对坐标(Relative),则后一个操作会认为前一个绘图操作的结束点为新相对坐标点起点。第二个下拉菜单用于坐标系统的选择,共有三种常用坐标系统,分别是直角坐标系(Cartesian)、柱坐标系(Cylindrical)和球坐标系(Spherical)。当绘制的模型形状不一时,可以根据其需要更换不同的坐标系。软件默认的是直角坐标系。

图 9-4　模型绘制坐标系

1. 绘制曲线模型

在绘制曲线模型时,系统默认的是将封闭后的曲线自动生成面,如果不需要该功能,可以执行菜单命令 Tools/Options/Modeler Options,更改绘图设置,如图 9-5 所示。单击 Modeler Options 后,会自动弹出如图 9-6 所示的界面。

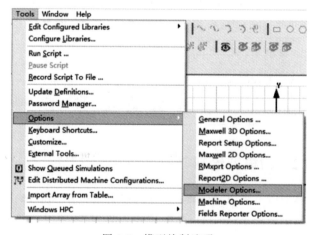

图 9-5　模型绘制选项

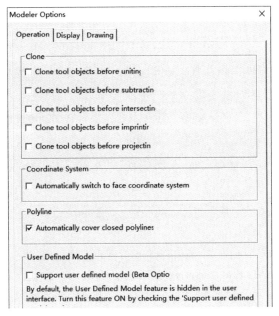

图 9-6　模型绘制选项卡

在 Operation、Display、Drawing 三个选项中选择 Operation 选项,并将 Polyline 项下默认的 Automatically cover closed polyline 项前的对号去掉,然后单击确定按钮退出,系统将不再对封闭的曲线强制生成面。在电机有限元建模中,一般保留该功能。

【例 9-1】　在二维 X-Y 平面内绘制正四边形,边长等于 10mm,起点坐标为原点(0,0,0),正四边形位于第一象限内。

首先单击菜单 Project/Insert Maxwell 2D Design,或者单击工具栏 ▥ 按钮建立一个 Maxwell 2D 工程文件。在菜单栏 Draw 下选择 Line 或工具栏选择 ↘ ,在最下方坐标状态栏依次输入起点坐标(X,Y,Z)=(0,0,0),按回车键确认;输入第一点坐标(10,0,0),按回车键确认;输入第二点坐标(10,10,0),按回车键确认;输入第三点坐标(0,10,0),按回车键确认;输入第四点坐标(0,0,0),按两次回车键确认,完成正四边形曲线的绘制。整个流程如图 9-7 所示。绘制得到的正四边形如图 9-8 所示。

2. 绘制曲面模型

通过绘制封闭曲线模型,再执行菜单中的 Surface/Cover Lines 操作,可以将其转化为曲面,除此之外,还可以通过直接绘制曲面的方式得到所要的二维曲面模型。

【例 9-2】　在 Maxwell 2D 中的 XOY 平面内绘制正四边形,边长等于 10mm,起点坐标为原点(0,0,0),正四边形位于第一象限内。

单击快捷按钮中的 ▭ 按钮,或者在菜单栏中单击 Draw/Rectangle 选项。在屏幕右下角的坐标栏中输入矩形的起始定点坐标(0,0,0),按回车键确认,软件的坐标输入栏会自动改变为 dX、dY、dZ 选项,此时需要输入的是在 X 和 Y 方向上的边长,所以在 dX 和 dY 项中输入 10,表示在 X 和 Y 方向上的矩形边长为 10mm,按回车键确认。坐标输入的过程如图 9-9 所示,形成的正四边形面域如图 9-10 所示。

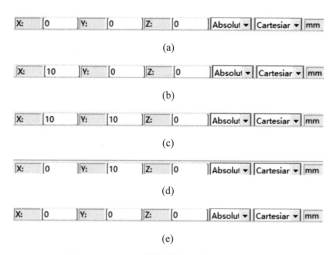

图 9-7　正四边形绘制流程中各点坐标值

（a）正四边形起点输入坐标；（b）正四边形第二顶点输入坐标；（c）正四边形第三顶点输入坐标；

（d）正四边形第四顶点输入坐标；（e）正四边形封闭时输入坐标

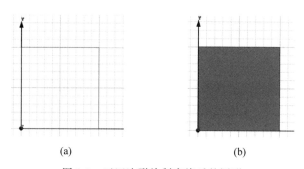

图 9-8　正四边形绘制完毕后的图形

（a）不选择自动生成面时的效果；（b）选择自动生成面时的效果

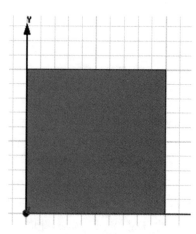

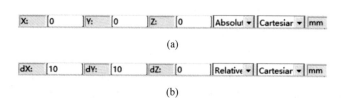

图 9-9　正四边形面绘制流程中各点坐标值

（a）正四边形面域的起始点坐标；（b）正四边形面域的边长输入

图 9-10　正四边形面绘制后的效果图

也可以将例 9-1 中的封闭正四边形曲线通过 Modeler/Surface/Cover Lines 操作形成正四边形面域,其效果是一样的。

【例 9-3】　在 Maxwell 2D 中的 XOY 平面内绘制椭圆,要求长轴距离等于 10mm,短轴距离等于 5mm,圆心坐标为原点(0,0,0)。

单击快捷按钮中的 ⬭ 按钮,或单击菜单上的 Draw/Ellipse 选项。然后在屏幕右下角的坐标输入栏中先输入椭圆的圆心坐标(0,0,0),按回车键确认。再在 dX 项输入给定长轴距离 10mm,按回车键确定。最后在 dY 项输入短轴长度 5mm,按回车键确认。坐标输入的过程如图 9-11 所示,绘制完的椭圆曲面如图 9-12 所示。

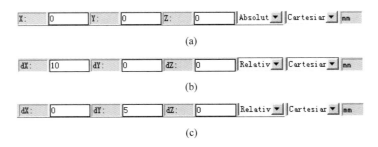

(a)

(b)

(c)

图 9-11　椭圆面绘制流程中各点坐标值

(a) 圆心坐标输入;(b) 长轴尺寸给定;(c) 短轴尺寸给定

绘制复杂图形时,往往需要采用布尔操作进行运算,从而得到复杂构图。常用的布尔操作包含加、减、取交集等。

将例 9-2 中的正四边形面和例 9-3 中的椭圆面做布尔运算,例如做减法运算。在绘图区内用鼠标左键选中椭圆形面域,在按住 Ctrl 键的同时选中正四边形面域,单击快捷按钮中的 ⊡ 按钮,或者单击菜单栏中的 Modeler/Boolean/Subtract 选项,会弹出如图 9-13 所示的对话框。

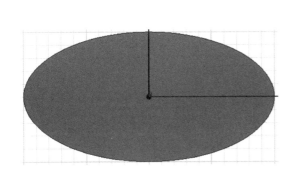

图 9-12　椭圆面绘制后的效果图

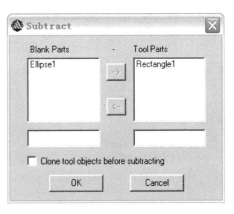

图 9-13　布尔操作减法运算对话框

可以看出,被减数为椭圆面,而减数为正四边形面。最下方的 Clone tool objects before subtracting 选项默认不勾选,表示仅从椭圆面中减掉一个正四边形面,则剩余 3/4

的椭圆面积；如果该选项被勾选，表示在从椭圆面减掉正四边形面的同时，还保留了作为减数的正四边形面，此时图形上就会有 3/4 的椭圆面积和一个完整的正四边形面。软件默认是按照先选的面域作为被减数，后选的面域作为减数的规则排列前后顺序，也可以通过选中图 9-13 对话框中的不同面域，单击"→"或者"←"键调整减数与被减数。布尔运算后的结果如图 9-14 所示，在此未勾选 Clone tool objects before subtracting 选项。

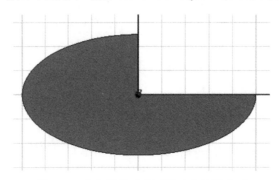

图 9-14　布尔操作减法运算后的结果曲面

9.2.3　Maxwell 2D 的材料管理

在 Ansoft/Maxwell 中，材料库的管理更加方便和直观。材料库主要由两类组成：一是系统自带的有限元计算常用材料库，以及 RMxprt 电机设计模块用的电机材料库；二是用户材料库，可以将常用的且系统材料库中没有的材料单独输出成用户材料库，库名称可自行命名，在使用前须将用户材料库装载到软件中。

新建一个 Maxwell 2D 工程文件后，单击菜单栏中的 Tools/Configure Libraries 选项，会弹出如图 9-15 所示的材料库设置对话框。

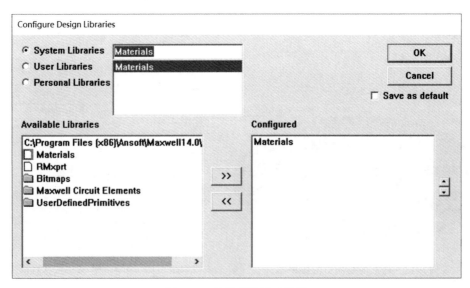

图 9-15　材料库设置对话框

从图 9-15 中可以看出，系统主要包括三个材料库：第一个是 System Libraries 材料库，即系统材料库；第二个是 User Libraries 材料库，即用户材料库；第三个是 Personal Libraries 材料库，即个人材料库。

在材料库设置对话框中，可先用左键从材料库目录树中单击所需要的材料库，例如需要 RMxprt 材料库，则选择 RMxprt 材料库后再单击 >> 按钮，即可添加到左侧的工程材料库中，在模型绘制和求解时可以直接调用该工程材料库中的材料。在选择好所需要的材料库后，可以选中 Save as default 项，使其作为默认设置保存起来，这样在下次打开软件工程时，所选择的材料库就已经添加进去了。

对于电机磁场特性的有限元仿真，一般需要用到的材料包括硅钢片、永磁材料、铜以及真空材料，在 Maxwell 系统材料库中都可以找到并直接使用。图 9-16 给出了常见的几种电机磁场特性所需材料。

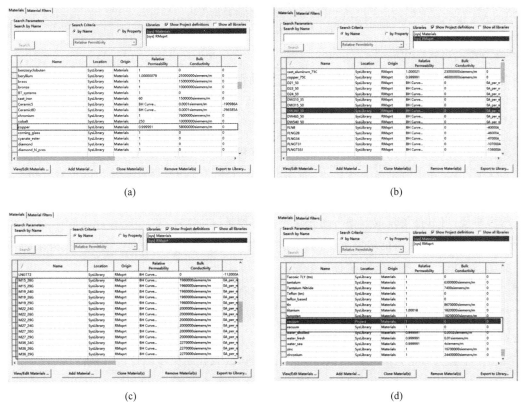

图 9-16　常用电机仿真材料

（a）铜材料；（b）硅钢片材料；（c）永磁材料；（d）真空材料

如果给例 9-2 绘制的正方形面设置铜材料，只需用鼠标左键选中该正方形面，单击鼠标右键选择 Assign Material，就会自动弹出材料选择对话框，如图 9-17（b）所示。用鼠标左键选择红色框所示铜材料，单击确定即可。

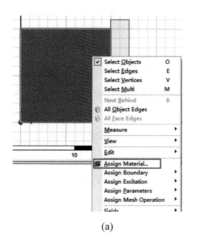
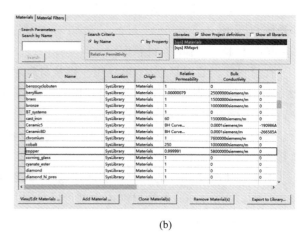

(a)　　　　　　　　　　　　　　　　　　(b)

图 9-17　设置铜材料操作

(a) 材料设置操作；(b) 材料选择对话框

9.2.4　Maxwell 2D 的边界条件和激励源

1. 设置边界条件

在有限元数值计算中，最终求解的是矩阵方程，而边界条件则是该方程组的定解条件。换句话说，满足该方程的解有无数组，而满足方程又满足其边界条件的数值解仅有一组。边界条件的设定保证了方程组能被顺利解出；同时，边界条件顾名思义也就是模型各个边界上的已知量，可以是场量或其他可用来定解的物理量。

按照计算模型所需的求解器不同，求解模块主要分为以下六大类：静磁场、涡流场、瞬态磁场、静电场、交变电场、直流传导电场。

每种求解器都有各自对应的边界条件，但也有一部分边界条件是共用的，在不同的求解里都会出现，具体包括：矢量磁位边界条件、对称边界条件、气球边界条件、主边界条件和从边界条件，除此之外还有默认的自然边界条件。

由于本篇只对电机瞬态磁场进行有限元分析，故只介绍矢量磁位边界条件。

矢量磁位边界条件主要施加在求解域或计算模型的边线上，可以定义该边线上的所有点都满足：$A_Z = $ Const 或 $rA_\theta = $ Const。前者适用于 XY 坐标系，而后者适用于 RZ 坐标系。Const 为给定常数，A_Z 和 A_θ 分别为 XY 坐标系下 Z 方向上的矢量磁位和 RZ 坐标系下 θ 方向上的矢量磁位。

用鼠标左键选择需要设置为边界的线，单击菜单栏中的 Maxwell 2D/Boundaries/Assign/Vector Potential Boundary，弹出狄里克莱边界条件定义对话框，如图 9-18 所示。其中在 Value 项内定义边界上的矢量磁位数值。

注意：当 Const 常数等于 0 时，描述的是磁力线平行于所给定的边界线，这在仿真理想磁绝缘情况时特别有用。

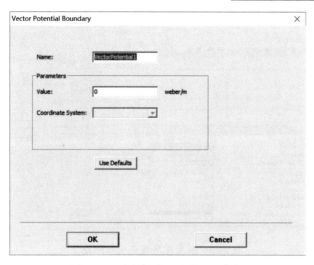

图 9-18　瞬态场狄里克莱边界条件

2. 设置激励源

所有的计算模型必须保证有激励源,即所计算的系统能量不能为 0,不同的场其激励源形式或机理均不相同。本篇只给出瞬态磁场仿真的激励源设置。

瞬态磁场的激励源比较丰富,有电流源、电流密度源,还可以将导条形成线圈,该线圈是指广义的线圈,不仅仅是由漆包线绕制而成。在形成线圈后还可以对线圈施加电流源、电压源和复杂控制的外电路源。下面重点说一下绕组的形成和绕组激励的给定。

假定在二维平面内有两个铜线绕制而成的闭合线圈,如图 9-19 所示,线圈位于 XOY 面内,Z 方向为其拉伸方向,线圈的横截面为两个等高的圆面。选中左侧的线圈截面,单击菜单栏上的 Maxwell 2D/Excitation/Assign/Coil 选项,会弹出如图 9-20 所示的线圈端口定义窗口。

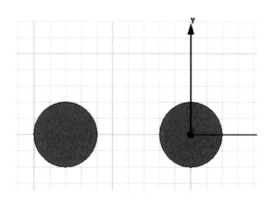

图 9-19　瞬态磁场线圈模型

在线圈端口定义界面中包括:端口名称(Name);线圈匝数(Number of Conductors),在这里假定设置为 10 匝;极性参考方向(Polarity),在这里选择正向(Positive)。单击 OK 按钮退出。

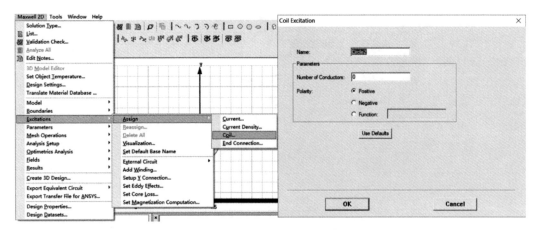

图 9-20　瞬态磁场线圈端口的定义

按照同样的操作步骤继续定义右侧的另外一个线圈端口,匝数要一致,都设定为 10 匝,而电流的参考方向要设置成反向(Negative),这样两个线圈中的电流才可以循环流动起来。另外,在定义参考方向时还有一个 Function 函数项,通过用户自己设定函数可以让线圈电流的参考方向随因变量更改而改变。

下面进一步定义绕组,单击菜单栏中的 Maxwell 2D/Excitation/Assign/Add Winding 项,弹出绕组定义窗口。其中 Name 项可以修改绕组的名称,其下的 Type 项为激励源类型,包括电流源(Current)、电压源(Voltage)以及外电路激励源(External)。Solid 项代表实体导体,计入了绕组内集肤效应,但是生成 Solid 的线圈只能有 1 匝,不能多匝绕制。Stranded 项代表多匝绞线型线圈,绕组由多匝线圈组成,且忽略了线圈内部的集肤效应。各类型图如图 9-21 所示。本篇的电机瞬态场仿真中,绕组都采用多匝绞线型线圈(Stranded)。

绕组的电压和电流激励源还可以设定为时间的函数。例如 10 * sin(2 * pi * 50 * time) 这种激励源表达式。其中:10 为正弦电压源的峰值;sin 是系统自带函数;pi 为系统自带的常数,表示圆周率 π;50 为电压源频率(单位是 Hz);time 是系统自变量,可用来描述时间。电流源的正弦激励与之类似。系统还有许多自带函数,都可以用来描述这种随时间变化而变化的激励源。

绕组定义完成后,需要把先前定义的两个线圈端口引入绕组,其物理意义是绕组由多匝线圈组成。在左上方的工程管理栏中,用鼠标右键单击刚才生成的绕组 Winding1,会弹出如图 9-22 所示的菜单栏。

按住 Ctrl 键的同时用鼠标左键选中图 9-22 中的两个线圈端口,然后单击 OK 按钮退出。此时可以在工程管理栏中看到绕组 Winding1 前多了一个"+"号,单击该"+"号,会在 Winding1 下方出现之前定义的两个线圈端口,这说明线圈端口是从属于绕组的。至此完成了整个绕组的定义。

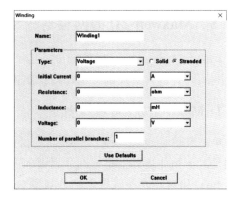

(a)　　　　　　　　　　　　　　　　　　　(b)

(c)

图 9-21　瞬态磁场绕组激励定义

（a）绕组电流源激励；（b）绕组电压源激励；（c）绕组外电路激励

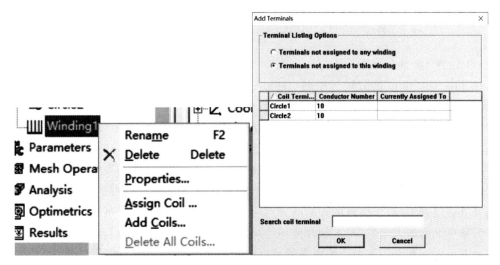

图 9-22　瞬态磁场绕组添加线圈端口

9.2.5 Maxwell 2D 的网格剖分和求解设置

Ansoft/Maxwell 14 网格剖分采用了金字塔型剖分设置,不需要用户过多地参与剖分,直接利用内置的自适应剖分也可以得到正确的计算结果,同时采用了较少的计算时间。

1. Maxwell 2D 的网格剖分

单击菜单栏 Maxwell 2D/Mesh Operations/Assign 选项,可以看到三项网格剖分设置,分别是对于物体边界上指定剖分规则(On Selection)、对于物体边界内指定剖分规则(Inside Selection)和对物体表层指定剖分规则(Surface Approximation),图 9-23 给出的是这三类网格剖分设置项。

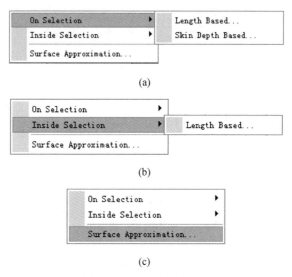

图 9-23 网格剖分设置项

(a) On Selection 网格剖分;(b) Inside Selection 网格剖分;(c) Surface Approximation 网格剖分

(1)设置 On Selection 剖分

在"On Selection"剖分设置中的 Length Based Refinement 是基于单元边长的剖分设置,其含义为在所选的物体边界上,最大的剖分三角形边长要给予所指定的数值。选中要剖分的物体,再单击菜单栏上的 Maxwell 2D/Mesh Operations/Assign/On Selection/Length Based Refinement 选项,弹出如图 9-24 所示剖分设置对话框。

图 9-24 中,Name 项为剖分操作定义名称。"Length of Elements"项为设定所要剖分的单元最大边长数值,该数值为剖分三角形边长的最大值,对于比较粗糙的剖分该值按照模型比例可以适度调大,对于比较细致的剖分则可以适当调小。Number of Elements 项为设定网格三角单元的最大个数,要求软件使用在规定个数内的剖分单元,以免过大的剖分单元无节制地占用内存资源。这两个约束条件可以仅用一个或两个同时起作用,用户通过勾选对应框来决定哪个约束条件被激活。

一般在电机瞬态场有限元仿真中,磁场变化最为剧烈的部分是定子与转子间的气隙,因此,会对该气隙部分设置 On Selection 剖分,并且采用的是基于单元边长的剖分(Length

Based Refinement)，Length of Elements 取 0.3～0.4mm 为宜。

（2）设置 Inside Selection 剖分

Inside Selection 项所设定的是物体整个内部的剖分，选择所要进行剖分的物体，单击菜单栏上的 Maxwell 2D/Mesh Operations/Assign/Inside Selection/Length Based Refinement 选项，弹出如图 9-25 所示的剖分设置界面。

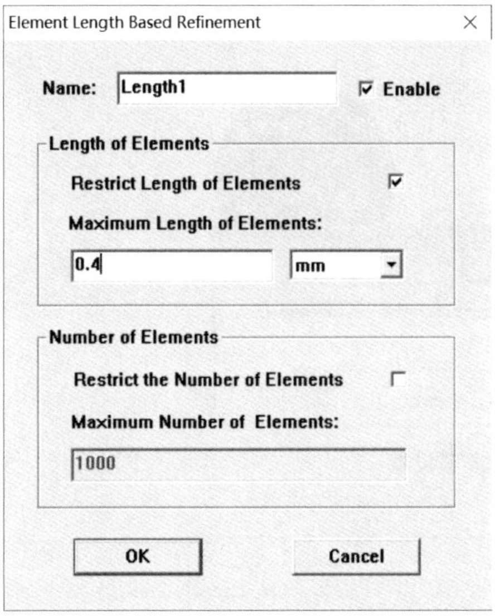

图 9-24　On Selection 设置对话框 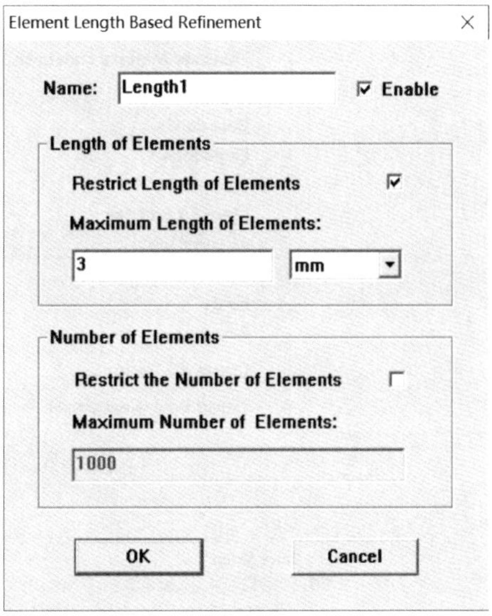　　　　　图 9-25　Inside Selection 设置对话框

从图 9-25 可以看出，该剖分与 On Selection 剖分设置下的 Length Based Refinement 基本一致，都包括设定单元最大边长和所需最大单元数两个约束条，可以设定其中一个或两个同时起作用。一般在电机瞬态场有限元仿真中，电机定子、转子、绕组以及周边空气等都采用此种剖分方式，由于磁场变化不剧烈，Length of Elements 取 3～4mm 即可。剖分过细会影响仿真效率。

在电机有限元仿真建模中，一般不采用 Surface Approximation 剖分，故本篇不做介绍。

2. Maxwell 2D 的求解设置

针对不同的场求解器，都有各自的求解设置，但在这些设置中仍有很大一部分是相同的。本书只讨论瞬态场 Maxwell 2D 的求解设置。

如图 9-26 所示，在菜单栏中单击 Maxwell 2D/Analysis Setup/Add Solution Setup 项添加求解设置，也可以用鼠标左键单击工具栏上的 图标按钮来快速添加求解设置。需要说明的是，对应一个工程文件，可以同时添加多个求解设置项，每个求解设置项都是相互独立的。

不同的求解设置可以用来计算不同的工况，以便尽可能地增加模型的重复使用率。

图 9-27 所示的是瞬态磁场求解设置中的 General 设置项，包含停止时刻（Stop time）设置和计算时间步长（Time step）设置，通过这两项设置可以设定仿真的终止时间和采样时间间隔。

图 9-28 所示的 Save Fields 项用来设定计算时的场结果存储结果，同样需要给定起始时刻、终止时刻和采用间隔，并单击 Add to List 按钮将需要存储的时刻保存在右侧状态栏中。

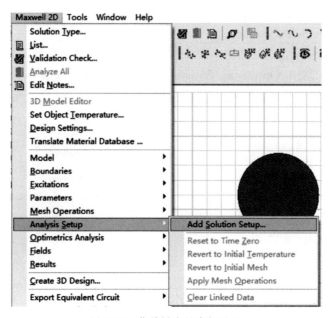

图 9-26　菜单栏中的求解设置

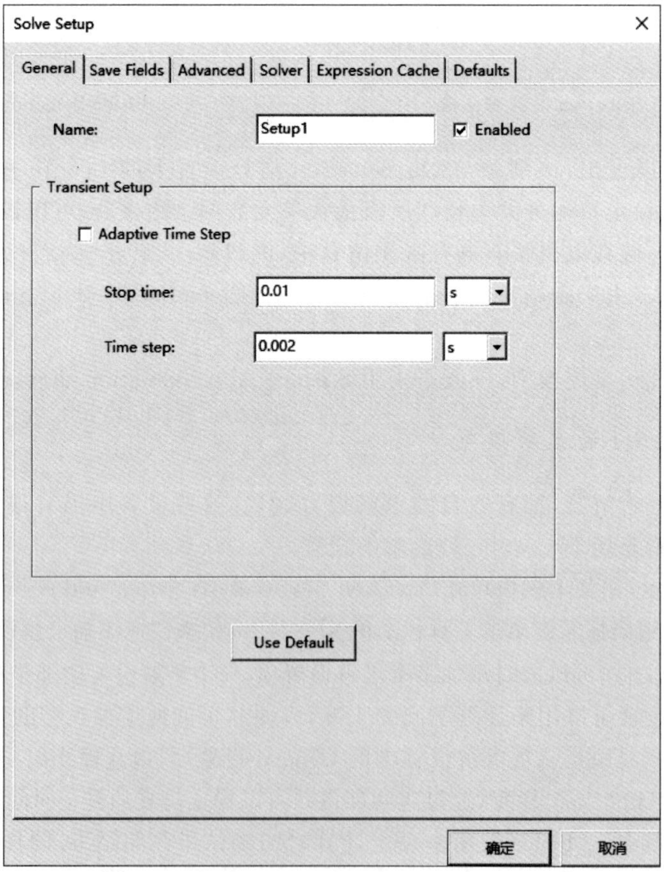

图 9-27　瞬态磁场求解设置中的 General 设置项

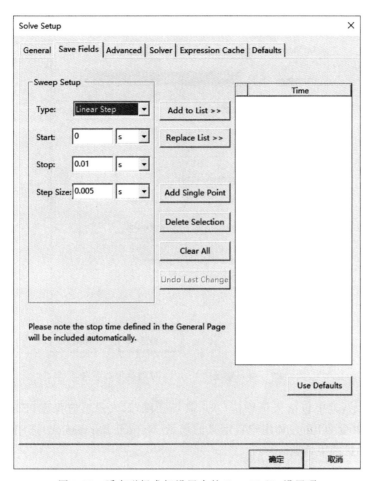

图 9-28　瞬态磁场求解设置中的 Save Fields 设置项

9.2.6　Maxwell 2D 的后处理操作流程

　　有限元求解过程的最后一步就是 Maxwell 的后处理,包括对场图的处理,对曲线、曲面路径的处理和场计算器应用三个部分,本篇只介绍求解场图的查看。

　　在模型计算完成后,首先需要用户查看的是结果场图分布,既需要查看场图分布是否合理,还需要查看场量的数量级是否合理。只有验证了合理的场分布才能说该模型建立和求解都是正确无误的。同时,若场分布或其量纲有问题,则可以根据场图的分布趋势反查在建模时所犯的错误,经过这样反复几次的校验,基本可以得到正确的计算结果。

　　先以一台三相 4 极永磁同步电机瞬态场计算为例,该电机的有限元建模过程会在第 12 章中给出,其瞬态场求解模型计算结果作为分析对象。

　　(1) 单击菜单栏上的 View/Set View Context 项,在 Time 时间选项中单击右侧的箭头,在下拉菜单中选中 0.002s 这一计算时刻作为分析对象,如图 9-29 所示。

　　(2) 按住键盘上的 Ctrl＋A,选中所有计算区域,再单击菜单栏上的 Maxwell 2D/Fields 选项,会出现如图 9-30(a)所示的菜单栏。在 Fields 场图列表中可以绘制的各种类型的场图

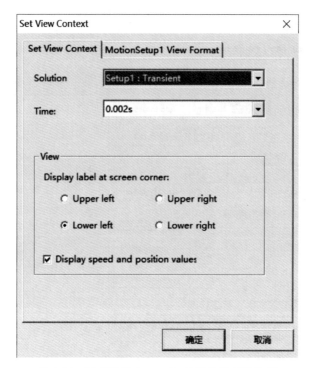

图 9-29　瞬态磁场中 0.002s 时刻结果查看选项

如图 9-30(b)所示,其中包括矢量磁位(A)、磁场强度(H)、磁感应强度(B)、电密(J)、能量(Energy)、其他场量(Other)和用户自定义的场量(Named Expression)选项,每一种场量又分为矢量图和标量图等选项。

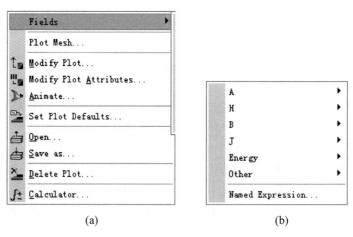

(a)　　　　　　　　　　　　　　(b)

图 9-30　查看场分布图计算结果操作

(a) 瞬态磁场仿真菜单栏;(b) Fields 场图列表

　　(3) 绘制电机磁力线的分布图,磁力线即等 A 线。单击菜单栏上的 Maxwell2D/Fields/Fields/A/Flux_Lines 选项,这样会自动绘制出在 0.002s 时电机的磁力线分布图,如图 9-31 所示。

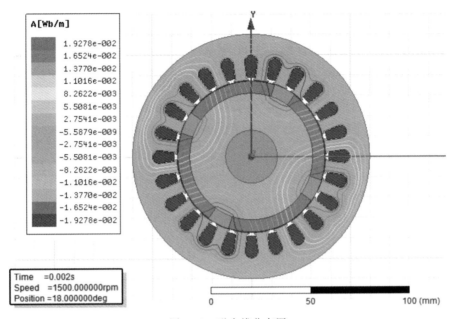

彩图 9-31

图 9-31　磁力线分布图

图 9-31 的左下角显示的是该计算时刻值,以及计算的条件速度 Speed＝1500r/min,此时的转子处于 18°位置。左上角显示的是磁力线,即等 A 线的 A 值大小,其单位是 Wb/m。中部区域显示的是电机模型及磁力线的分布,红色磁力线为正向极值,而蓝色磁力线为负向极值。

(4) 查看磁感应强度(B)的大小。按住键盘上的 Ctrl＋A,选中所有计算区域,再单击菜单栏上的 Maxwell 2D/Fields/Fields/B/Mag_B 选项,系统自动绘制出磁感应强度分布图。

图 9-32 给出的是 0.002s 时的磁感应强度的分布图,观察该图,不难看出电机在轭部磁密较高,颜色较深。Mag_B 选项的意义是显示模型磁密的模,因此 B 值均为正值。

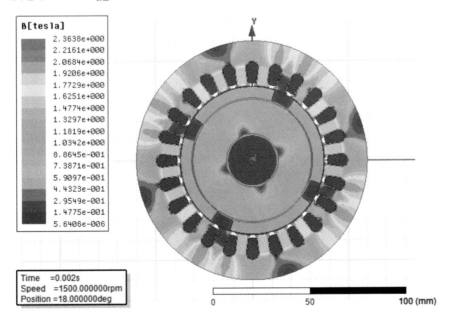

彩图 9-32

图 9-32　磁感应强度分布图

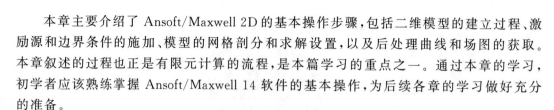

　　本章主要介绍了 Ansoft/Maxwell 2D 的基本操作步骤,包括二维模型的建立过程、激励源和边界条件的施加、模型的网格剖分和求解设置,以及后处理曲线和场图的获取。本章叙述的过程也正是有限元计算的流程,是本篇学习的重点之一。通过本章的学习,初学者应该熟练掌握 Ansoft/Maxwell 14 软件的基本操作,为后续各章的学习做好充分的准备。

第10章

三相变压器空载瞬态磁场分析

10.1 实 践 背 景

变压器是一种通过电磁感应作用,将一种电压等级的交流电能转换成同一频率的另一种电压等级的交流电能的静止的电气设备。在电力的生产、输送与分配过程中,使用了各式各样的变压器。不仅需要变压器的数量多,而且要求其性能好、技术经济指标先进,还要保证运行时安全可靠。

变压器除了在电力系统中使用之外,还用于一些工业部门中。例如,在电炉、整流设备、电焊设备、矿山设备、交通运输的电车等设备中,都要采用专门的变压器。此外,在实验设备、无线电装置、无线电设备、测量设备和控制设备(一般又叫控制变压器,容量都较小)中,也使用着各式各样的变压器。

10.2 实 践 目 标

(1)掌握三相变压器的有限元建模和分析方法,完成三相变压器有限元模型的搭建,并对仿真波形进行分析。

(2)通过对三相变压器的有限元建模与分析,进一步理解三相变压器的工作原理,具有分析和解决变压器运行问题的能力。

10.3 三相变压器的结构

三相变压器磁路系统主要为三相变压器组(如图 10-1 所示)和三相芯式变压器(如图 10-2 所示)。三相变压器组由三台相同的单相变压器按照一定的绕组连接方式构成,特点是各相磁路彼此无关,各相主磁通都有自己独立的通路。而三相芯式变压器的磁路系统中,每相主磁通必须通过另外两相的磁路方能闭合,故各相磁路彼此相关。由于铁芯成平面结构形式,使得三相磁路长度不等。中间的 B 相较短,两边的 A、C 两相较长,导致三相磁阻稍有差别。当外施三相对称电压时,三相空载电流将不相等,B 相略小,A、C 两相大些。由于变压器的空载电流很小,它的不对称对变压器负载运行影响极小,可略去不计。目前,电力系统用得较多的是三相芯式变压器,部分大容量的变压器由于运输困难等原因,也有采用三相组式结构的。

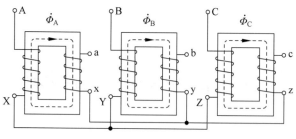

图 10-1 三相变压器组

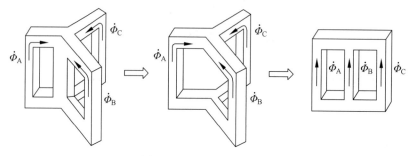

图 10-2 三相芯式变压器

10.4 三相变压器有限元建模与分析

三相变压器有限元建模与参数设置流程如图 10-3 所示,核心步骤包括创建变压器几何模型、材料定义与分配、激励源与边界条件设置、外电路电源激励以及求解选项参数设定。该建模过程与 9.2 节所述 Ansoft/Maxwell 软件快速入门的操作步骤基本一致,因此本节不再赘述,只针对三相变压器有限元建模过程中的关键步骤进行解析。

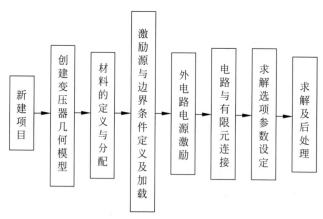

图 10-3 三相变压器有限元建模流程图

1. 新建项目

启动 Ansoft/Maxwell 软件并建立新的项目文件。执行 Project/Insert Maxwell 2D Design

命令,或者单击工具栏上的 ![icon] 按钮建立 Maxwell 2D 设计分析类型。执行 Maxwell 2D/Solution Type 命令,在弹出的求解器对话框中选择 Magnetic 栏下的 Transient(求解器),Geometry Model 选择 Cartesian XY,表示在 X-Y 坐标系下进行瞬态场仿真。具体设置如图 10-4 所示,设置完成后单击 OK 退出。执行 File/Save as 命令,将名称改为 Transfer 后进行保存。

2. 创建变压器几何模型

(1) 确定模型基本设置

模型的基本设置主要包括模型轴向长度。具体方法为:用鼠标右键选择项目管理菜单中的 Model/Set Model Depth,下拉菜单如图 10-5 所示。在自动弹出的对话框中,设置 Model Depth 选项中的变压器轴向长度为 200mm,具体设置如图 10-6 所示。

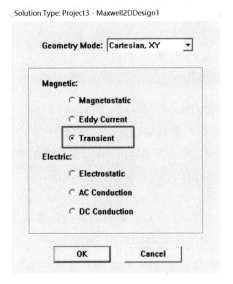

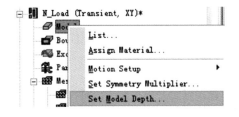

图 10-4　求解器设置对话框　　　　　　图 10-5　模型长度设置下拉菜单

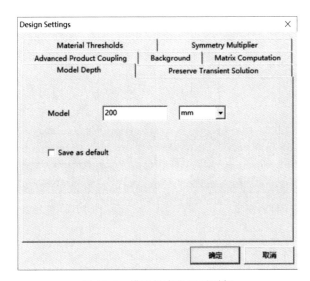

图 10-6　模型长度设置对话框

（2）绘制变压器几何模型

根据 9.2.2 节中线、面绘制与布尔操作的讲解，完成变压器几何模型的绘制，具体结构与尺寸如图 10-7 所示。

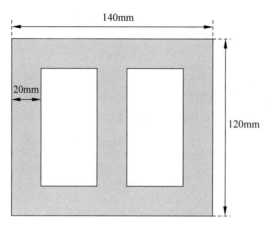

图 10-7　三相变压器模型

（3）绘制变压器原副边绕组几何模型

本例中采用简化绕组模型对绕组进行建模，这样并不影响磁场的计算结果。图 10-8 所示为建立的绕组简化模型，此处未给出具体坐标值，读者可以根据自己的习惯对绕组建立模型，也可建立为圆形绕组。其中，A、B 与 C 代表原边绕组，a、b 与 c 代表副边绕组。

（4）建立变压器外层面域模型

本例中采用长方形面域对变压器外层面域进行建模，这样并不影响磁场的计算结果，如图 10-9 所示，此处未给出具体坐标值，只需要包络住变压器全部结构即可。

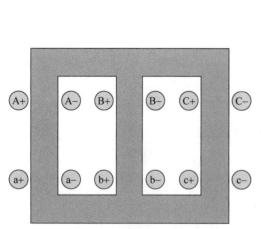

图 10-8　定子绕组模型

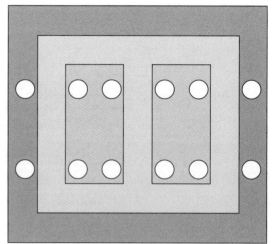

图 10-9　变压器外层面域模型

3. 定义及分配材料

本例中所需要的一些材料，在默认的材料库 sys[materials]中并不包含，这些材料包含在材料库 sys[RMxprt]中,因此需要将此材料库导入到材料设置中,该操作已在 9.2.3 节中演示,故不再赘述。

对于瞬态电磁场分析,需要指定以下材料属性:

(1) 指定绕组 coil 材料属性——Copper;

(2) 定义铁芯材料属性——M19_24G,一种变压器常用非线性铁磁材料。

4. 加载激励源与边界条件

(1) 加载电流激励源

绕组分相如图 10-8 所示,各个绕组的从属关系明确,其中线圈导体数为 30。此时需要将属于每一相的槽绕组归属于同一相,Winding 设置结果如图 10-10 所示。该部分操作已在 9.2.4 节的案例中给出。需要注意的是,在变压器原边绕组 A、B 与 C 的设置中,需将绕组类型改为绕组外电路激励(External)。

(2) 加载边界条件

二维电磁场的边界条件是对边界线进行操作的,本模型的边界条件选择外层区域的包络面的四条直线。首先执行 Edit/Select/Edge 命令,用鼠标左键选中外层面域的四条直线,单击菜单栏中的 Maxwell 2D/

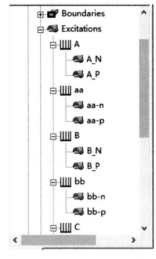

图 10-10 Winding 设置结果

Boundaries/Assign/Vector Potential Boundary,弹出狄里克莱边界条件定义对话框,单击 OK,设置好的边界如图 10-11 所示。

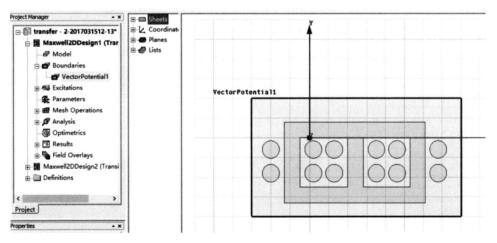

图 10-11 边界条件设置界面

5. 设置外电路电源激励

由电机学知识可知,变压器原边励磁电压为交流电压源,三相 120° 对称,幅值相等。在 Ansoft/Maxwell 有限元计算中,提供的交流电压源如图 10-12 所示,图中 3 个电阻 R14、R17、R20 为控制电压回路限流电阻。

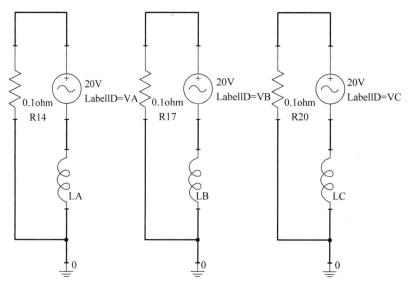

图 10-12 激励电路设置界面

Ansoft/Maxwell 包含相应的电路模块,选择程序 Ansoft 中的电路模块,具体操作如图 10-13 所示,自动弹出电路编辑器,选择新建项目选项,电路编辑器界面如图 10-14 所示。

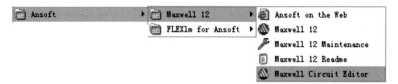

图 10-13 电路编辑器菜单

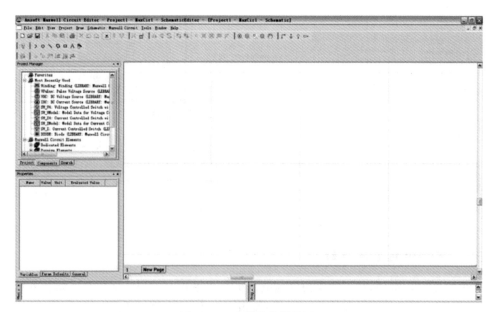

图 10-14 电路编辑器界面

　　Ansoft/Maxwell 电路编辑器界面与 Maxwell 有限元模块界面相类似,主要由项目管理器、模型窗口、特性窗口组成。

　　Ansoft/Maxwell 提供了较便捷的电路绘制方法,在项目管理器中可以直接选择构成电路的元器件,将其拖放到模型窗口,再用线将各个器件连接起来。

　　电路元件库中提供了一些用于模拟电机的电气元件,在 Maxwell Circuit Elements 菜单下的 Dedicates Elements 中包含换向器、电机绕组等模型元件。在有限元电路分析中,电机的电路模型并不是十分复杂,因为对于电机本身来说,与电路相连的仅为绕组部分,为了考虑二维场计算时的端部补偿效应,将端部电阻与电感串联到电机绕组回路中,因此电机电路主要由电机绕组、电感、电阻元件组成。

　　(1) 选择 Dedicates Elements 选项中的 Winding(绕组元件)放置到模型窗口中,通过旋转移动操作将其放置在相应位置。用鼠标左键双击电路模型窗口中的 Winding 元件,弹出特性窗口对话框(如图 10-15 所示)将名称设置为 A、B、C,此名称与图 10-10 所示 Maxwell 有限元计算中的绕组设置名称一致,这样才可以保证电路与有限元模型之间的关联特性。

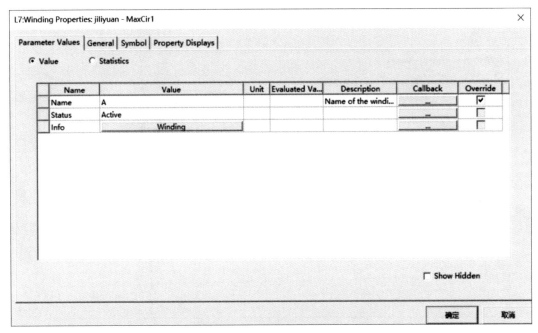

图 10-15　绕组设置对话框

　　(2) 选择 Passive Elements 选项中的 Res(电阻)以及 Sources 选项中的 Sinusoidal Voltage Source(正弦电压源)放置到模型窗口中,通过旋转移动操作将其放置在相应位置。用鼠标左键双击电路模型窗口中的 Res 元件,弹出特性窗口对话框,电阻值设为 0.1Ω,如图 10-16 所示。用鼠标左键双击电路模型窗口中的正弦电压源元件,弹出特性窗口对话框,电压峰值设置为 20V,频率为 50Hz,三相电压相位分别为 0°、120° 与 240°,如图 10-17 所示。

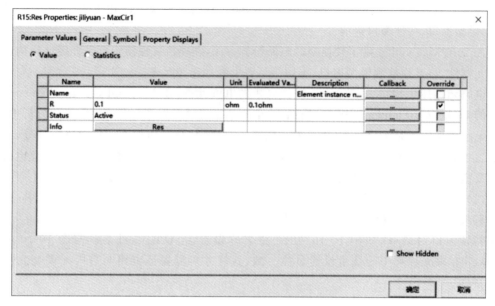

图 10-16　端部电阻及特性设置对话框

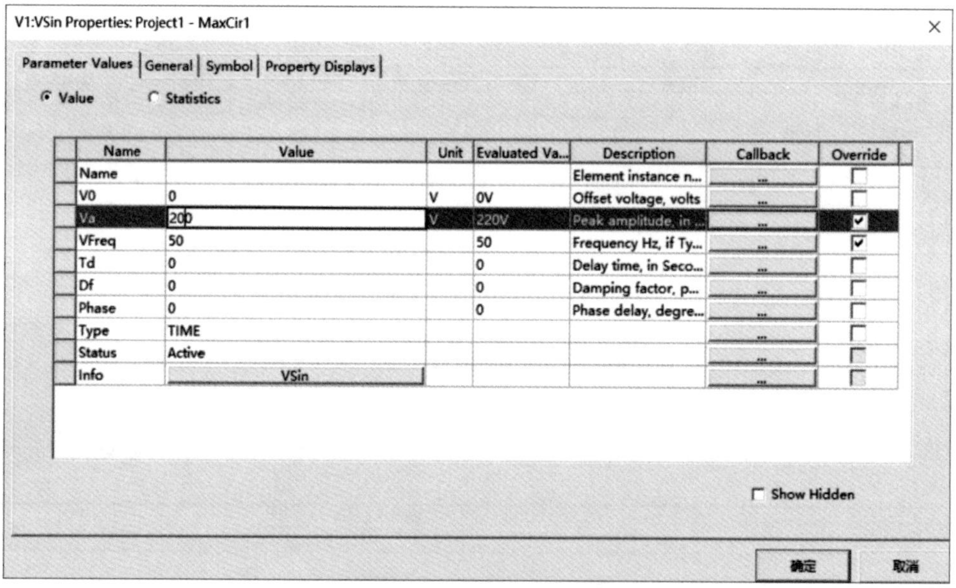

图 10-17　正弦电压源设置对话框

（3）给电路增加 GND 元件，并完成连
线，得到图 10-12 所示激励电路。单击菜单
栏中的 Maxwell Circuit/Export Netlist，导出
该电路并保存为 transfer circuit. sph 文件，如
图 10-18 所示。

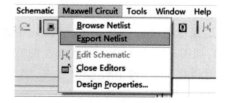

图 10-18　导出电源激励外电路步骤

6．电路与有限元连接

打开变压器有限元计算模型，执行 Maxwell 2D/Excitations/External Circuit/Edit External Circuit 命令或者用鼠标右键单击项目管理器中的 Excitations 项，选择 External Circuit/Edit External Circuit，自动弹出电路与有限元连接设置对话框，如图 10-19 所示。

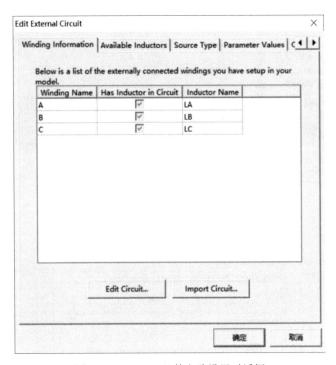

图 10-19　Maxwell 外电路设置对话框

图 10-19 所示对话框的上部包含绕组信息、电感类元件信息、激励源类别信息及参数值等电路信息，对话框的下部包含电路编辑及电路导入两项选择信息。

选择 Import Circuit 导入电路列表信息，此列表信息由已编辑完成的电路生成。如图 10-20 所示，将生成的电路网络列表文件 transfer circuit.sph 导入到激励中，导入后系统会出现如图 10-21 所示提示信息。

7．设定求解选项参数

（1）设置网格剖分

本例中剖分长度设为 3mm。由于变压器结构不存在定转子间气隙，因此无须进一步缩小剖分长度，以免增加仿真时长。具体剖分操作参考 9.2.5 节。

（2）求解设定

根据变压器原边输入电压为工频 50Hz，即可算出电源周期为 0.02s，因此求解时长设为两个电源周期即 0.04s。为保证输出特性曲线的平滑程度，每个周期内仿真 50 个点，即步长为 0.0004s 即可。具体操作为：在菜单栏中单击 Maxwell 2D/Analysis Setup/

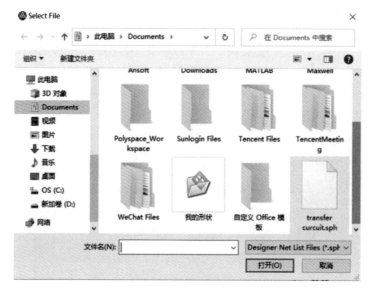

图 10-20　导入电路列表信息操作

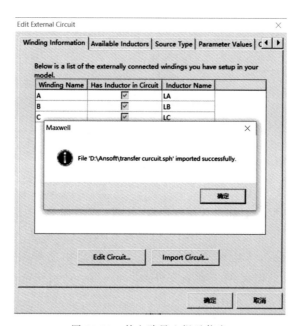

图 10-21　外电路导入提示信息

Add Solution Setup 项,自动弹出求解设置对话框,在 General 面板中输入求解时长、仿真步长两个参数,在 Save Fields 面板中输入起始时刻、终止时刻和采样间隔,并单击 Add to List 按钮将需要存储的时刻保存在右侧状态栏中,具体设置如图 10-22 与图 10-23 所示。

　　(3)分析自检

　　执行 Maxwell 2D/Validation Check 命令,弹出自检对话框,当所有设置正确后,每项前出现对勾提示。本例中在激励与边界条件前出现了警告提示,是因为在应用材料库中材料时自动赋予了电导率等物理属性,因此在分析时会考虑涡流效应的影响,而在本例分析中忽

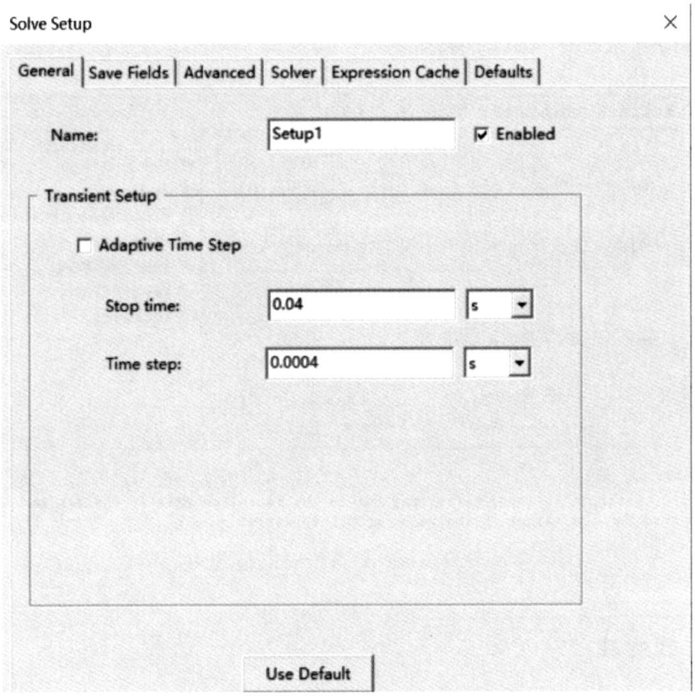

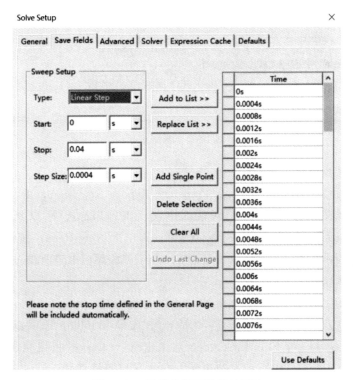

图 10-22　求解时间设置对话框

图 10-23　场信息保存设置对话框

略了涡流效应影响的设置,因此出现次警告,用户可以不予考虑,其不会影响到磁场的计算结果。自检及警告提示如图 10-24 所示。

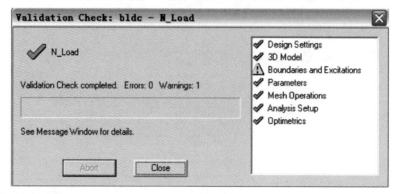

图 10-24　自检对话框

8．求解及后处理

自检正确完成后,执行 Maxwell 2D/Analysis All 命令,启动求解过程,进程显示框中交替显示系统计算过程的进展信息,如细化剖分、求解时间步等。求解过程如图 10-25 所示。用户可根据需要中断求解,求解结束后弹出相应的提示信息。

图 10-25　求解过程

（1）观察空载反电势

执行 Maxwell 2D/Results/Create Transient Report/Rectangular Plot 命令,自动弹出曲线设置对话框,在类别（Category）对话框中选择 Winding 选项,以及 Induced Voltage（aa）、Induced Voltage（bb）与 Induced Voltage（cc）,单击 New Report 按钮完成设置,具体设置如图 10-26 所示。图 10-27 所示为副边 a、b 与 c 三相感应电势曲线。

（2）观察空载绕组磁链

执行 Maxwell 2D/Results/Create Transient Report/Rectangular Plot 命令,自动弹出曲线设置对话框。在类别（Category）对话框中选择 Winding 选项以及 Flux Linkage（aa）、Flux Linkage（bb）与 Flux Linkage（cc）,单击 New Report 按钮完成设置,具体设置如图 10-28 所示。图 10-29 所示为副边 a、b 与 c 三相磁链曲线。

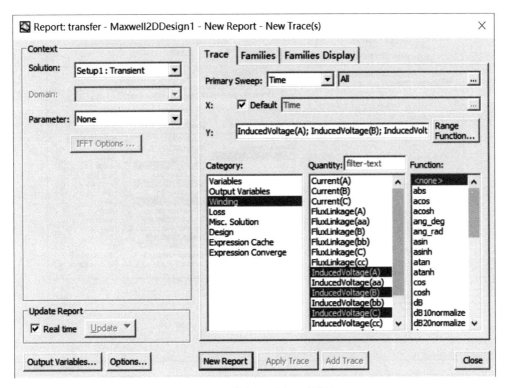

图 10-26　感应电压设置对话框

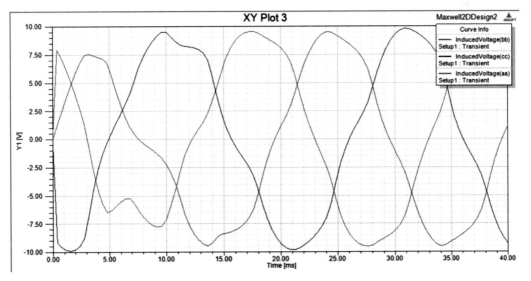

图 10-27　副边 a、b 与 c 三相感应电势曲线

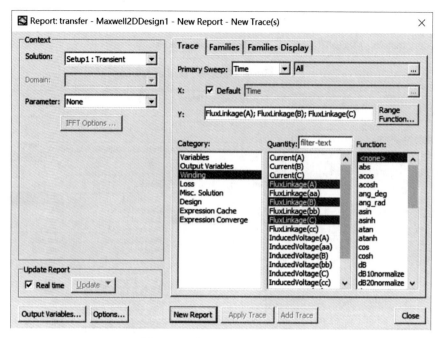

图 10-28 绕组磁链设置对话框

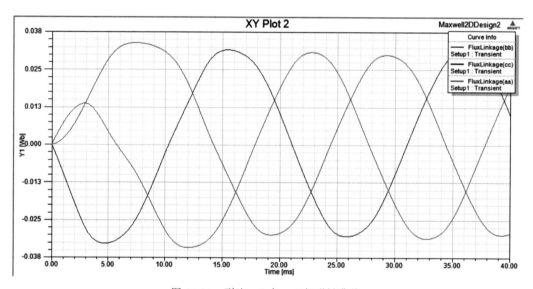

图 10-29 副边 a、b 与 c 三相磁链曲线

10.5 思考与实践

（1）分析三相变压器有限元仿真波形磁链轻微不对称的原因。

（2）分析三相变压器反电势谐波分量较大的原因，并给出仿真说明。

无刷直流电动机空载瞬态磁场分析

11.1 实践背景

众所周知,直流电动机具有优越的调速性能,主要表现在控制性能好、调速范围宽、启动转矩大、低速性能好、运行平稳、效率高,应用范围从工业到民用极其广泛。在普通的直流电动机中,直流电的电能是通过电刷和换向器进入电枢绕组,与定子磁场相互作用产生转矩的。由于存在电接触部件——电刷和换向器,结果产生了一系列致命的缺陷:

(1) 机械换向产生的换向火花引起换向器和电刷磨损、电磁干扰、噪声大,寿命短;

(2) 结构复杂,可靠性差,故障多,需要经常维护;

(3) 由于换向器的存在,限制了转子转动惯量的进一步下降,影响了动态特性。

在许多应用场合下,它是系统不可靠的重要来源。虽然直流电动机是电机发展历史上最先出现的,但它的应用范围因此受到限制。

无刷直流电动机以电子换相取代有刷直流电动机的机械换向,又保留了有刷直流电动机的基本特性。原来使用有刷直流电动机的许多应用场合逐步被无刷直流电动机所取代,包括航空航天和军事装备中的控制系统、工业自动化系统、信息处理和计算机系统,医疗设备,以至民用的音响影像产品。

无刷直流电动机是随着半导体电子技术发展而出现的新型机电一体化电机,它是现代电子技术(包括电力电子、微电子技术)、控制理论和电机技术相结合的产物。

11.2 实践目标

(1) 掌握无刷直流电动机的有限元建模和分析方法,完成无刷直流电动机有限元模型的搭建,并对仿真波形进行分析。

(2) 通过对无刷直流电动机的有限元建模与分析,进一步理解该电动机的工作原理,具有分析和解决无刷直流电动机运行问题的能力。

11.3 无刷直流电动机的结构与工作原理

无刷直流电动机采用方波电流驱动模式。对于常见的三相桥式六状态工作方式,在360°(电气角)的一个电气周期内可均分为六个区间,或者说三相绕组导通状态分为六个状态。三相绕组端 A、B、C 连接到由六个大功率开关器件组成的三相桥式逆变器三个桥臂上。绕组为 Y 接法时,这六个状态中任一个状态都有两个绕组串联导电,一相为正向导通,一相为反向导通,而另一个绕组端对应的功率开关器件桥臂上下两器件均不导通。这样,观察任意一相绕组,它在一个电气周期内有 120°是正向导通,然后 60°为不导通,再有 120°为反向导通,最后 60°是不导通的。

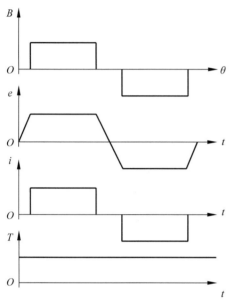

图 11-1　方波驱动无刷直流电动机

当电动机转子恒速转动,电流指令为恒值的稳态情况下,由控制器电流环作用强迫该相电流为某一恒值。在理想情况下,无刷直流电动机设计气隙磁通密度分布使每相绕组的反电动势波形为有平坦顶部的梯形波,其平顶宽度应尽可能接近 120°。在转子位置传感器作用下,该相电流导通 120°范围和同相绕组反电动势波形平坦部分 120°范围在相位上是完全重合的,如图 11-1所示。这样,在 120°范围内该相电流产生的电磁功率和电磁转矩均为恒值。由于每相绕组正向导通和反向导通的对称性,以及三相绕组的对称性,总合成电磁转矩为恒值,与转角位置无关。

在一相绕组正向导通 120°范围内,输入相电流 I 为恒值,它的一相绕组反电动势 E 为恒值,转子角速度为 ω 时,一相绕组产生的电磁转矩为 T_{ep},由下式表示:

$$T_{ep} = EI/\omega \tag{11-1}$$

考虑在一个电气周期内该相还反向导通 120°,以及三相电磁转矩的叠加,则在一个 360°内的总电磁转矩 T 为:$T = 3(2\times120°)EI/(360°\omega) = 2EI/\omega$。

在上述理想情况下,方波驱动永磁无刷直流电动机有线性的转矩-电流特性,理论上转子在不同转角时都没有转矩波动产生。但是,在实际的永磁无刷直流电动机,由于每相反电动势梯形波平顶部分的宽度很难达到 120°,平顶部分也不可能做到绝对的平坦无纹波,加上齿槽效应的存在和换相过渡过程电感作用等原因,电流波形也与理想方波有较大差距,必然存在转矩波动。

11.4　无刷直流电动机有限元建模与分析

无刷直流电动机有限元建模与参数设置步骤基本与第 10 章的三相变压器建模过程一致,因此本节不再赘述。只针对无刷直流电动机有限元建模过程中的关键步骤进行解析。

1. 创建项目

启动软件并建立新的项目文件,保存为 BLDC. mxwl,设定分析类型为 Maxwell 2D Design。求解器选择 Transient 求解器,坐标平面选择 Cartesian XY。

2. 创建电动机几何模型

（1）确定模型基本设置

将要建立的无刷直流永磁电动机结构示意图如图 11-2 所示。本例中电动机轴向长度为 65mm，对称周期为 4（4 极 24 槽），具体设置为用右键选择项目管理菜中的 Model/Set Model Depth 下拉菜单，设置如图 11-3 所示。

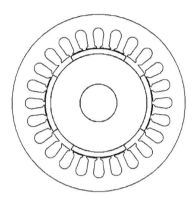

图 11-2　无刷直流电动机

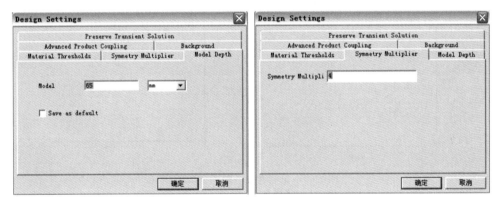

图 11-3　模型长度及周期设置对话框

（2）绘制电动机定子几何模型

采用点、直线、弧线的绘制方法，根据实际电动机槽形图绘制出无刷直流电动机定子槽形。共绘制 3 条线，第一条为 A(37.5,9.4102)、B(38.0206,9.3841)、C(39.1004,11.6065)与 D(47.3527,12.1029)构成的直线段，第二条为 E(37.5,5.5898)、F(38.0206,5.6159)、G(39.1004,3.3935)与 H(47.3527,2.8971)构成的直线段，第三条为圆弧，采用圆心加两点绘制，其中圆心 I 的坐标为(47.3527,7.5)。需要注意的是，上述坐标均采用柱坐标系（Cylindrical）。建立的定子槽模型如图 11-4 所示。

选中绘制的三条线，执行 Edit/Duplicate/Around Axis 命令，选择沿 Z 轴复制，相隔 15°，进行 6 次复制，生成所有定子槽，如图 11-5（a）所示。将绘图坐标转换为柱坐标系（Cylindrical），执行 Draw/Arc/Center Point 命令，绘制定子铁芯内径处弧线段模型，中心点坐标为(0,0)，两端点坐标为相邻定子槽端点，可直接在几何模型中选取。

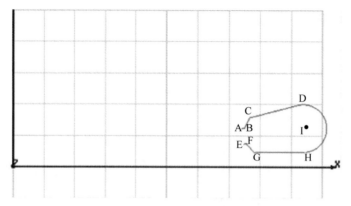

图 11-4　无刷直流电动机定子槽模型

　　执行 Draw/Arc 命令,绘制定子铁芯外径处弧线段模型,中心点坐标为(0,0),两端点坐标为(60,0)、(60,90)。再执行 Draw/Line 命令,绘制定子铁芯两条直线段模型,端点坐标分别为(37.5,0)、(60,0)和(37.5,90)、(60,90),如图 11-5(b)所示。需要注意的是,上述坐标均采用柱坐标系(Cylindrical)。

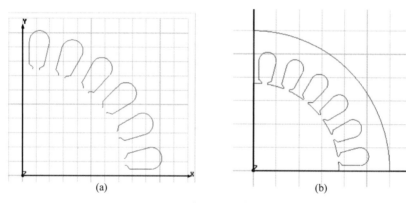

图 11-5　无刷直流电动机定子模型
(a) 定子槽模型;(b) 定子模型

　　选中绘制完成的所有线段,右击鼠标执行 Edit/Boolean/Unite 命令,通过布尔连接操作生成电动机定子冲片,操作如图 11-6 所示。然后选中生成的线段,右击鼠标执行 Edit/Surface/Cover Lines 命令,通过面域生成操作形成定子冲片面,形成的定子冲片面如图 11-7 所示。

　　(3) 绘制电动机绕组几何模型

　　图 11-8 所示为建立的绕组简化模型,此处未给出具体坐标值,读者可以根据自身的习惯对绕组建立模型,也可建立圆形绕组。

　　(4) 创建永磁体模型

　　将绘图坐标转换为柱坐标系,执行 Draw/Arc 命令,绘制永磁体外径处弧线段模型,中心点坐标为(0,0),两端点坐标为(37,13.5)、(37,76.5),电动机的极弧系数为 0.7,因此跨过机械角度为 63°。重复执行 Draw/Arc 命令,绘制永磁体内径处弧线段模型,中心点坐标为(0,0),两端点坐标为(33.5,13.5)、(33.5,76.5),永磁体厚度为 3.5mm。再执行 Draw/Line 命令,绘制定子铁芯两条直线段模型,端点柱坐标分别为(37,13.5)、(33.5,13.5)和(33.5,76.5)、(37,76.5)。

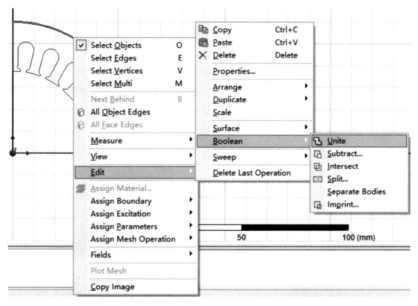

图 11-6 布尔连接操作生成电动机定子冲片

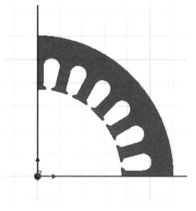

图 11-7 定子冲片面

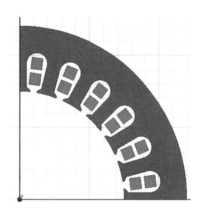

图 11-8 定子冲片及绕组图

选择生成的四条线段,执行 Modeler/Boolean/Unite 命令,连接所有线段。再执行 Modeler/Surface/Cover lines 命令,生成永磁体面域。

(5) 创建转子轭模型

① 将绘图坐标转换为柱坐标系,执行 Draw/Arc 命令,绘制转子轭外径处弧线段模型,中心点坐标为(0,0),两端点坐标为(33.5,0)、(33.5,90)。重复执行 Draw/Arc 命令,绘制永磁体内径处弧线段模型,中心点坐标为(0,0),两端点柱坐标为(13,0)、(13,90),转轴直径为 26mm。再执行 Draw/Line 命令,绘制定子铁芯两条直线段模型,端点柱坐标分别为(13,0)、(33.5,0)和(13,90)、(33.5,90)。

② 选择生成的四条线段,执行 Modeler/Boolean/Unite 命令,连接所有线段。再执行 Modeler/Surface/Cover lines 命令,生成转子轭面域。图 11-9 所示为生成的转子及定子模型。

（6）建立电动机外层面域模型

将绘图坐标转换为柱坐标系，执行 Draw/Arc 命令，绘制内层面域外径处弧线段模型，中心点坐标为(0,0)，两端点柱坐标为(70,0)、(70,90)。执行 Draw/Line 命令，绘制内层面域两条直线段模型，端点柱坐标分别为(0,0)、(70,0)和(0,0)、(70,90)。

选择生成的四条线段，执行 Modeler/Boolean/Unite 命令，连接所有线段。再执行 Modeler/Surface/Cover lines 命令，生成电动机外层面域。图 11-10 所示为生成的包含外层面域的无刷直流电动机模型。

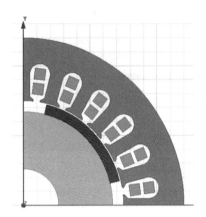

图 11-9　无刷直流电动机转子及定子模型

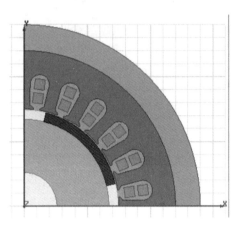

图 11-10　无刷直流电动机几何模型

（7）建立 Band 模型

Band 模型用于将静止物体和运动物体分开。由于并不求解整个模型，需要使用主从边界条件，静止的物体和运动的物体不能穿过 Band，也就是说 Band 不允许与几何模型交叉。Band 允许沿自身滑动，但不能妨碍其他物体。

将绘图坐标转换为柱坐标系，执行 Draw/Arc 命令，绘制内层面域外径处弧线段模型，中心点坐标为(0,0)，两端点柱坐标为(37.2,0)、(37.2,90)。执行 Draw/Line 命令，绘制内层面域两条直线段模型，端点柱坐标分别为(0,0)、(37.2,0)和(0,0)、(37.2,90)。

选择生成的四条线段，执行 Modeler/Boolean/Unite 命令，连接所有线段。再执行 Modeler/Surface/Cover lines 命令，生成 Band 面域。

3. 材料的定义及分配

对于无刷直流电动机瞬态电磁场分析，需要指定以下材料属性：

（1）指定内外层面域及 Band 材料属性——空气（也可采用默认材料属性真空）。

（2）指定绕组(Coil)材料属性——Copper。

（3）定义定子铁芯(Stator)及转子铁芯(Rotor)材料属性——M19_24G，这是一种电动动机常用非线性铁磁材料。

（4）指定永磁体材料——XG196/96，采用径向充磁。

上述材料分别包含在默认的材料库 sys[materials]和材料库 sys[RMxprt]中，因此需要将此材料库导入到材料设置中。该操作已在 9.2.3 节演示，故不再赘述。

需要注意的是，在分析无刷直流电动机时只需要径向充磁 N 极性的永磁体，因此需要编辑永磁材料的充磁极性。进入材料管理器,选择 XG196/96 材料。单击 Clone material(s)按钮,在跳出的对话框中将材料名字修改为 XG196/96_N。将材料坐标系统类型设置为柱坐标系统(Cylindrical),这是为了设置径向充磁方便。选择材料属性中的 R Component,即材料坐标系统的径向分量,将其值设置为 1,代表了永磁体磁化方向为径向的正方向;反之,设置为 −1,则磁化方向为径向的负方向。具体设置如图 11-11 所示。

图 11-11　永磁体径向充磁设置对话框

4. 激励源与边界条件的定义及加载

在进行无刷直流电动机空载分析时,所需要的激励源仅为永磁体材料所提供的主激磁磁场,这种激励在材料的设置中已经完成,因此,实际意义上的激励源在无刷直流电动机的空载分析中是不存在的。但是为了分析电动机的空载反电势,仍然需要对绕组进行正确的分相。对于边界条件,由于模型只建立了 1/4 实际电动机,因此在电动机模型分界处施加主从边界条件;电动机求解域的外边界为磁介质与非导磁介质的分界处,因此施加磁通平行边界条件。

(1)绕组分相与激励加载

两相无刷直流电动机的 1/4 模型的绕组排列与分相如图 11-12 所示。其中,单个线圈导体数为 30。根据图 11-12 的绕组分相,可以对模型进行激励源加载,该部分操作与 10.3 节三相变压器的激励源加载基本一致,故不再赘述。图 11-13 为 A 与 B 相绕组设置结果。需要注意的是,在无刷直流电动机绕组 A 与 B 的设置中,需将绕组类型改为绕组电流源激励(Current)。

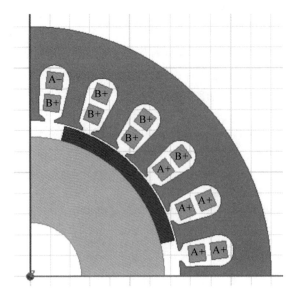

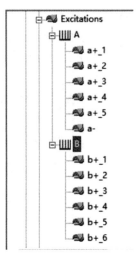

图 11-12 无刷直流电动机有限元模型中绕组分相　　图 11-13 A 与 B 相绕组设置结果

（2）加载边界条件

二维电磁场的边界条件是对边界线进行操作,首先执行 Edit/Select/Edge 命令,选择外层区域平行于 X 轴的直线段。接着执行 Maxwell 2D/Assign Boundary/Master 命令,此时会自动弹出 Master Boundary 设置对话框,在 Name 框中输入边界条件名称 Master,如图 11-14(a)所示。再选择外层区域平行于 Y 轴的直线段,执行 Maxwell 2D/Assign Boundary/Assign/Slave 命令,自动弹出 Slave Boundary 设置对话框,在主从关联 Relation 选项中选择半周期对称选项,具体设置如图 11-14(b)所示。

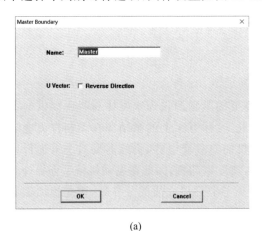

(a)　　　　　　　　　　　　　　　　(b)

图 11-14 无刷直流电动机主从边界条件设置对话框

（a）Master Boundary 设置对话框；（b）Slave Boundary 设置对话框

选择外层区域圆弧线段,执行 Maxwell 2D/Assign Boundary/Vector Potential 命令,施加磁通平行边界条件,具体设置及模型相应边界条件如图 11-15 所示。

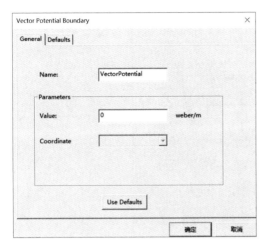
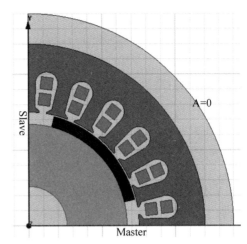

图 11-15 无刷直流电动机边界条件设置情况

5. 设置运动选项

无刷直流电动机的瞬态电磁场分析主要是针对电动机旋转时的磁场变化而言,在瞬态分析中,模型旋转的设置是通过运动设置选项完成的。在模型窗口中选中 Band 面域,用鼠标右键单击项目管理器中 Model 下的 Motion Setup/Assign Band 选项,如图 11-16 所示,将自动弹出运动设置对话框。

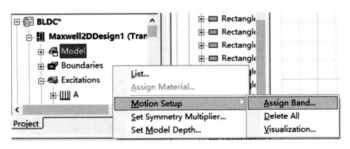

图 11-16 运动设置操作菜单

在运动设置对话框中包含运动类型、数据信息、机械特性三个选项,在类型选项中的 Motion 项选择 Rotation(旋转运动),运动围绕坐标系为整体坐标系 Z 轴,运动方向选择正方向,即逆时针方向,如图 11-17 所示。

在运动数据信息中的 Initial Position(初始位置)选项中设置旋转运动的初始位置角为 15°,此角度为两相无刷电动机 A 相换相点。在机械特性设置中将旋转速度设置为 1500r/min。具体设置如图 11-18 所示。

运动设置完成后,选择运动设置选项 Moving1,可观察到模型窗口中的运动模型部分被阴影所覆盖,如图 11-19 所示。

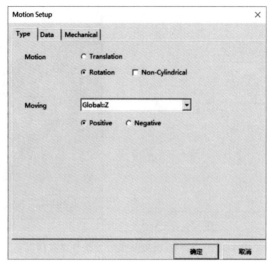

图 11-17　运动类型设置对话框

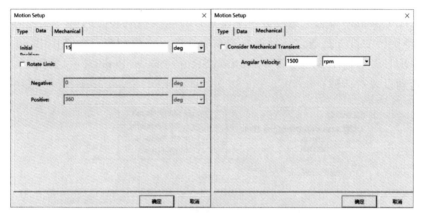

图 11-18　运动数据及机械特性设置对话框

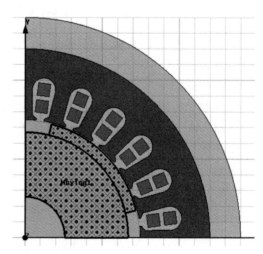

图 11-19　无刷直流电动机运动部件示意图

6. 求解选项参数的设定

（1）设置网格剖分

在网格剖分设置中,一般气隙线可剖分细些,即 Band 面剖分长度设为 $1\sim2$mm。而定转子剖分密度可适当放宽,将剖分长度设为 $5\sim8$mm。该部分设置在 9.2.5 节中已有详细操作步骤,故不赘述。

具体剖分如图 11-20 所示。

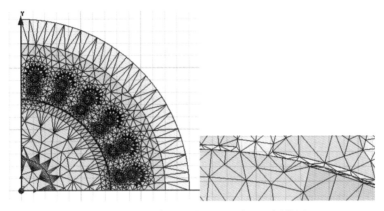

图 11-20　无刷直流电动机及运动边界剖分图

（2）求解设定

该无刷直流电动机为 4 极,转速为 1500r/min,可计算出电周期为 0.02s。在求解设定中,仿真时长设置为两个电周期,即 0.04s,求解时间步长为 0.0002s,具体设置对话框如图 11-21 和图 11-22 所示。

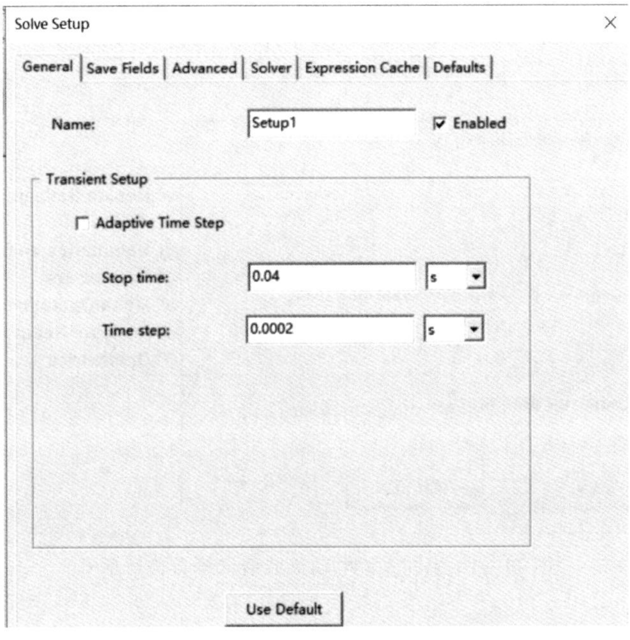

图 11-21　求解时间设置对话框图

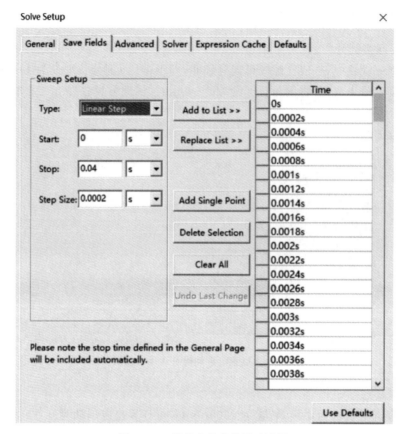

图 11-22 场信息保存设置对话框

（3）分析自检

执行 Maxwell 2D/Validation Check 命令，弹出自检对话框，自检结果如图 11-23 所示。

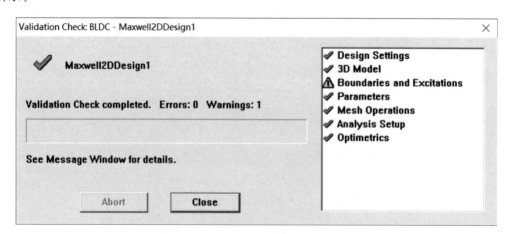

图 11-23 无刷直流电动机数值求解自检对话框

7．求解及后处理

（1）观察剖分信息及剖分图

将鼠标移至模型窗口，按住键盘上的 Ctrl＋A，选择模型窗口中的所有物体，执行 Maxwell 2D/Fields/Plot Mesh 命令，可以图形显示电动机模型剖分情况。

（2）观察磁力线分布与磁通密度分布

磁力线分布与磁通密度观察相关操作已在 9.2.6 节中给出，故不再赘述。图 11-24 与图 11-25 给出了不同时刻的磁力线分布与磁通密度分布情况。

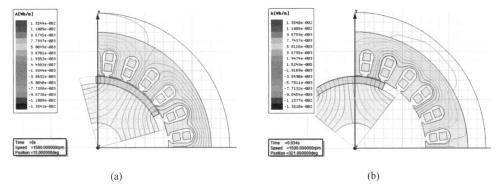

彩图 11-24

（a）　　　　　　　　　　　　　　　（b）

图 11-24　无刷直流电动机不同时刻磁力线分布

（a）0s；（b）0.034s

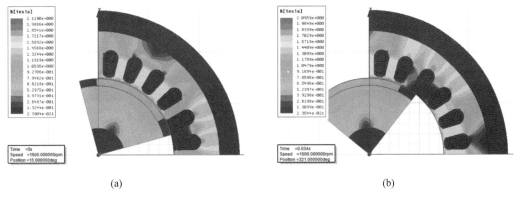

彩图 11-25

（a）　　　　　　　　　　　　　　　（b）

图 11-25　无刷直流电动机不同时刻磁密云图分布

（a）0s；（b）0.034s

（3）观察磁阻力矩

无刷直流电动机空载运行时，转子上体现出的力矩为电动机齿槽效应所引起的磁阻力矩，执行 Maxwell 2D/Results/Create Transient Report/Rectangular Plot 命令，自动弹出曲线设置对话框，在 Category（类别）中选择 Torque（力矩）选项，在 Quantity（变量）中选择 Moving1.Torque，单击 New Report 按钮完成设置，具体设置如图 11-26 所示。图 11-27 所示为无刷直流电动机磁阻力矩曲线。

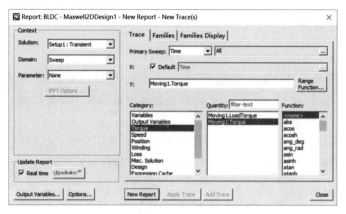

图 11-26　力矩随运动曲线设置对话框

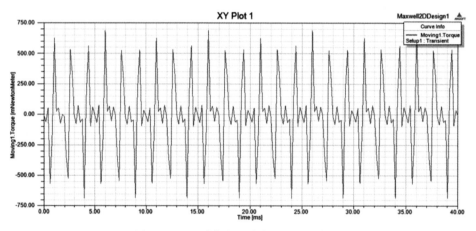

图 11-27　无刷直流电动机磁阻力矩曲线

（4）观察空载反电势与磁链

观察空载反电势与磁链的相关操作已在 10.4 节中给出，故不再赘述。图 11-28 与图 11-29 给出了无刷直流电动机的空载反电势与磁链曲线。

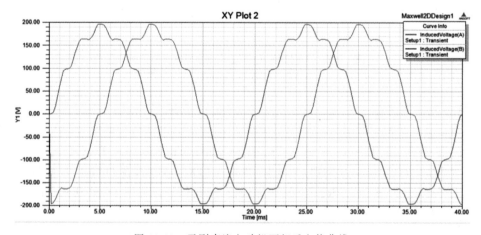

图 11-28　无刷直流电动机两相反电势曲线

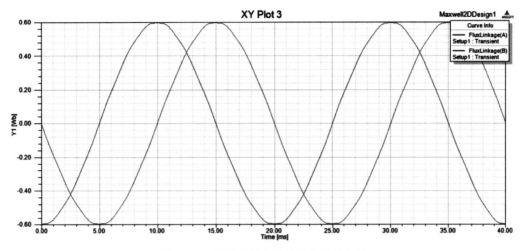

图 11-29　无刷直流电动机绕组磁链曲线

11.5　思考与实践

（1）指出无刷直流电动机磁密云图中容易产生磁饱和的部分，并分析出现磁饱和的原因。

（2）指出改变无刷直流电动机的反电势大小的原因，并给出仿真说明。

第12章

永磁同步电动机瞬态磁场分析

12.1 实践背景

磁场是电动机实现机电能量转换的媒介,根据建立磁场方式的不同,电机可分为电励磁电动机和永磁电动机。在交、直流电机中,用永磁体替代直流励磁以产生气隙磁场的电动机称为永磁电动机。与普通电励磁电动机相比,永磁电动机由于取消了励磁系统,因此具有效率高、结构简单、紧凑、体积小、质量轻及运行可靠等优点。特别是随着永磁材料性能的提高,目前永磁同步电动机在家用电器、医疗器械、交通运输、工业和国防等领域都获得了广泛的应用。

永磁同步电动机中使用的永磁材料主要有铁氧体和钕铁硼两种。铁氧体的特点是剩磁低、矫顽力高、相对回复磁导率小、抗去磁能力强,实际应用中宜做成扁平形状,主要用于小型永磁电机。钕铁硼是目前磁性能最强的永磁材料,但温度稳定性较差,价格较高,仅在特殊场合使用。

12.2 实践目标

(1)掌握永磁同步电动机的有限元建模和分析方法,完成永磁同步电动机有限元模型的搭建,并对仿真波形进行分析。

(2)通过永磁同步电动机的有限元建模与分析,进一步理解该电动机的工作原理,具有分析和解决永磁同步电动机运行问题的能力。

12.3 永磁同步电动机的结构与工作原理

永磁同步电动机的定子与普通电励磁电动机相同,定子绕组为对称三相短距、分布绕组,与交流电网相连,定子电流为三相正弦电流。永磁同步电动机的转子与普通电励磁电动机不同,转子的磁极由不同形状的永磁体构成。根据永磁体材料种类、安置方式及永磁体充磁方向的不同,可以形成不同的磁路结构。

按永磁体在转子上的放置方式不同,可以形成表面式和内置式磁路结构,如图12-1所示。表面式磁路结构又分为凸出式和嵌入式。表面凸出式的转子永磁体磁极直接粘贴在转子铁芯表面,由于永磁体的磁导率与空气相近,所以这种磁路结构与电励磁同步电动机的隐极转子结构相似,但计算气隙比电励磁电动机大很多,同步电抗的标幺值比传统同步电动机小得多。表面嵌入式的转子永磁体磁极置于转子表面的槽内,这种磁路结构与电励磁同步电动机的凸极转子结构相似,但由于交轴气隙磁导大于直轴气隙磁导,所以其交轴同步电抗大于直轴同步电抗,与传统凸极同步电动机相反。表面式磁路结构具有加工和安装方便的优点;内置式磁路结构的转子永磁体磁极置于转子铁芯内部,加工和安装工艺复杂,漏磁大,但可以放置较多的永磁体以提高气隙磁密,减少电机的质量和体积。

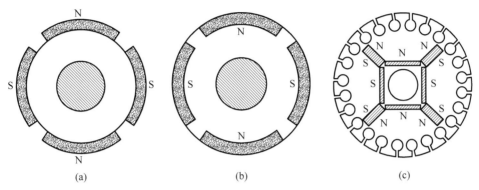

图 12-1　永磁同步电动机转子结构

(a) 表面凸出式;(b) 表面嵌入式;(c) 内置式

永磁同步电动机运行于工频电源时,一般在转子上安装笼型启动绕组,采用异步启动法启动,称为异步启动永磁同步电动机。永磁同步电动机也可采用逆变器供电应用于调速系统,称为调速永磁同步电动机。调速永磁同步电动机根据供电电流和定子绕组感应电动势波形的不同,又分为正弦波永磁同步电动机和梯形波永磁同步电动机。梯形波永磁同步电动机具有直流电动机的特性而又没有电刷,所以通常称为无刷直流电动机。关于无刷直流电动机的内容已在第 11 章做了论述,本章有限元分析采用的是正弦波永磁同步电动机。

12.4　永磁同步电动机有限元建模与参数设置

永磁同步电动机有限元建模与参数设置步骤基本与上文所述变压器以及无刷直流电动机建模过程一致,因此本节不再赘述。只针对永磁同步电动机有限元建模过程中的关键步骤进行解析。

本例建模采用的三相永磁同步电动机由定子铁芯、定子(电枢)绕组、永磁体磁极、转子铁芯组成。电动机定子内径、外径分别为 74mm 和 120mm,极数 4,定子槽数 24。该电动机的模型示意图如图 12-2 所示。

1. 创建项目

启动 Ansoft/Maxwell 并建立新的项目文件,保存为 PMSM.mxwl,设定分析类型为 Maxwell 2D Design。求解器选择 Transient 求解器,坐标平面选择 Cartesian XY。设置电动机轴向长度为 65mm。

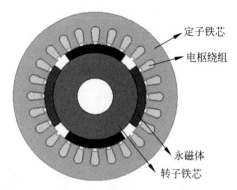

图 12-2　4 极 24 槽永磁同步电动机结构示意图

2. 构建几何模型

（1）绘制电机定子几何模型

执行 Draw/Line 命令进行直线绘制。在屏幕下方的坐标对话框中分别输入线段的起末点的位置坐标，并选择绝对增量方式（Absolute），依次输入第一点（1.25,37.5）、第二点（1.25,38.0）、第三点（2.4,38.5）、第四点（3.4,46.5）。最后一个点输入完成后，双击两次 Enter 键以结束直线段绘制。生成电机半槽直线部分模型如图 12-3 所示。

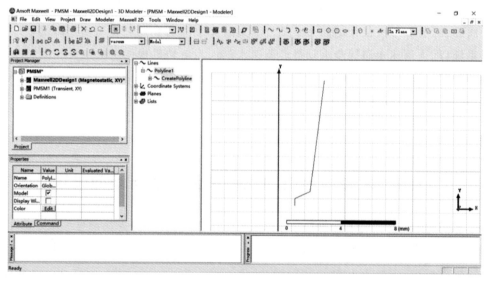

图 12-3　电机半槽直线段模型

选择已建立的线段，执行镜向操作命令 Edit/Duplicate/Mirror，在 X 轴上选择任意两点以完成另半槽直线部分模型的建立。

执行弧线绘制命令 Draw/Arc/Center Point，依次选择圆心（0,46.5）、左侧起点（−3.4,46.5）、右侧终点（3.4,46.5），并选择绝对增量方式（Absolute），完成定子槽底弧线部分模型的建立。定子槽模型如图 12-4 所示。

选择已建立的定子槽模型，执行 Edit/Duplicate/Around Axis 命令，出现沿轴复制属性对话框,在 Axis 选择沿 Z 轴复制,相隔 15°,进行 24 次复制,如图 12-5 所示。

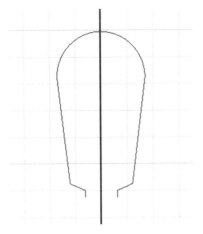

图 12-4 定子槽模型图

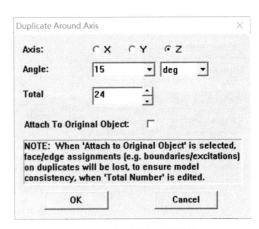

图 12-5 定子槽复制对话框

执行弧线绘制命令 Draw/Arc/Center Point,中心原点选择(0,0),将各个定子槽之间用圆弧连接,得到整体定子槽线图。将鼠标置于模型窗口,按住键盘上的 Ctrl+A 选择所有定子槽线图(包含线段),单击鼠标右键并执行 Edit/Boolean/Unite 命令,将所有线段连接,形成首尾相连的闭合曲线,模型如图 12-6 所示。

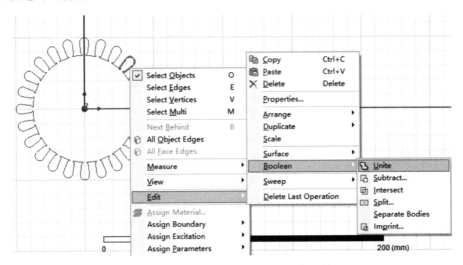

图 12-6 布尔连接操作生成电机定子槽

选中定子槽线,单击鼠标右键并执行 Edit/Surface/Cover Lines 命令,形成定子槽面,如图 12-7 所示。

执行 Draw/Circle 命令,绘制圆,在模型窗口中选择绝对增量(Absolute)模式,圆中心坐标为(0,0),X 与 Y 偏移坐标为(0,60)。由于外径圆已经为面,因此无须进行 Cover Lines 操作。但是该面包括了转子内部,需要扣除上步所绘制的定子槽面,具体操作为:先选中最外层圆面,再选中定子槽包络的圆面,执行 Modeler/Boolean/Subtract 布尔减操作,操作界面与结果如图 12-8 与图 12-9 所示。

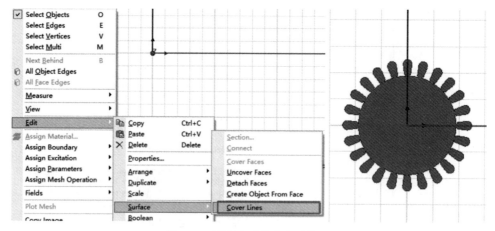

图 12-7　面域生成操作定子槽面

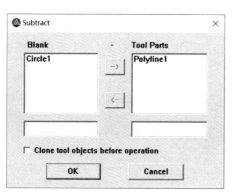

图 12-8　布尔减操作界面

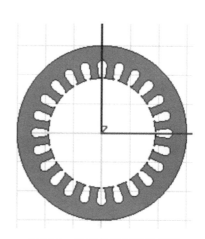

图 12-9　电动机定子冲片模型

（2）绘制电机绕组几何模型

执行 Draw/Line 命令，选择绝对增量（Absolute）模式，分别输入点坐标（2,39）、（3,46.5）以及（−2,39）、（−3,46.5）绘制两条直线，然后执行 Draw/Arc/Center Point 命令，中心原点选择（0,46.5），以两侧点坐标（3,46.5）、（−3,46.5）绘制弧线，再以坐标（−2,39）、（2,39）绘制一条直线，并将该四条线段全部选中，执行 Modeler/Boolean/Unite 操作，合成一体。最后选中合成后的闭合曲线，单击鼠标右键执行 Edit/Surface/Cover Lines 形成电动机绕组面，如图 12-10 所示。

选中该电动机绕组面域，执行 Edit/Duplicate/Around Axis 命令，选择沿 Z 轴复制，相隔 15°，进行 24 次复制，生成所有槽绕组，如图 12-11 所示。

（3）创建永磁体模型

执行 Draw/Line 命令，绘制永磁体直线段模型，选择绝对增量（Absolute）模式，分别输入第一条线始末点坐标（−21.91,29.81）和（−18.36,24.98），第二条线始末点坐标（21.91,29.81）和（18.36,24.98）。执行 Draw/Arc/Center Point 命令，中心原点选择（0,0），以两条直线段的相应始末点为两侧点绘制弧线，完成第一片磁极模型的建立。

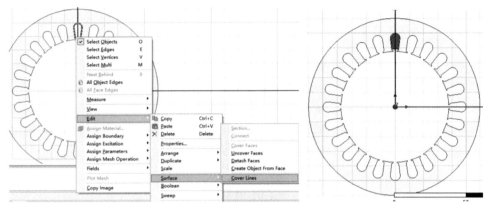

图 12-10　面域生成操作电机绕组

选择建立的永磁体所有线段，执行 Modeler/Boolean/Unite 命令，将所有线段连接，再执行 Modeler/Surface/Cover lines 命令，生成永磁体面域。接下来生成其余三片永磁体模型，选择刚生成的永磁体面域，执行 Edit/Duplicate/Around Axis 命令，选择沿 Z 轴复制，相隔 $90°$，进行 4 次复制，生成永磁体模型如图 12-12 所示。

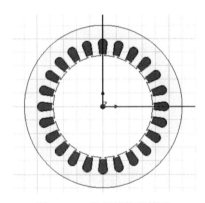

图 12-11　定子槽绕组模型

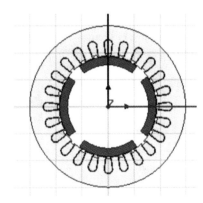

图 12-12　永磁体模型

（4）创建转子轭与转轴模型

以永磁体内圆到圆心的距离为半径，原点$(0,0)$为中心，执行 Draw/Circle 命令，绘制出电机转子轭外圆，自动生成转子轭面域。

执行 Draw/Circle 命令，绘制圆，在模型窗口中选择绝对增量（Absolute）模型，圆中心坐标为$(0,0)$，X 与 Y 偏移坐标为$(0,13)$。

由于转轴部分是不走磁通的，因此需要在转子轭外圆中将其去除，具体操作为：先选中转子外圆，然后选中转轴圆，再执行 Modeler/Boolean/Subtract 命令，单击 OK 按钮。生成的转子外圆模型如图 12-13 所示。

（5）建立电机外层面域和 Band 面域

将绘图坐标转换为柱坐标系（Cylindrical），执行 Draw/Circle 命令，绘制圆面，中心点坐标为$(0,0)$，半径为 70mm，生成电机外层面域。将绘图坐标转换为柱坐标系，执行 Draw/Circle 命令，绘制圆面，中心点坐标为$(0,0)$，半径为 37.2mm，形成 Band 面域。

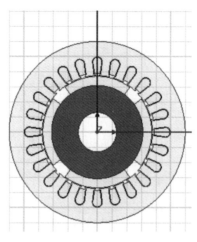

图 12-13　转子外圆模型

（6）设置模型显示属性

至此，整个永磁同步电动机的几何模型已经建立完毕。由于在模型建立期间，各部分面域的名称及显示均采用的系统默认值，因此模型的直观性较差，需要用户对各个部分重新进行属性设置，主要包括面域名称与显示颜色两部分。具体操作：用鼠标左键选择需要设置的面域，单击右键，选择 Properties 选项，自动弹出属性设置对话框，在此对话框中对 Name 与 Color 两个单元进行操作，以定子铁芯为例，如图 12-14 所示。

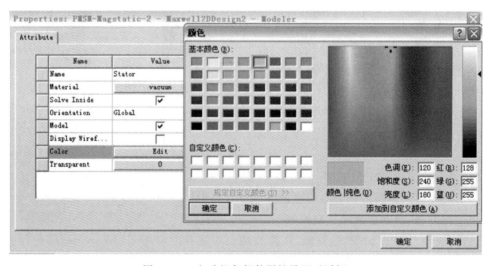

图 12-14　电动机各部件属性设置对话框

通过属性设置对话框进行设置后，建立的电动机几何模型如图 12-15 所示。

3. 定义及分配材料

对于永磁同步电动机瞬态磁场分析，需要指定以下材料属性：

（1）指定气隙（Air-gap）材料属性——空气（也可采用默认材料属性真空）。

（2）指定绕组（Coil）材料属性——铜。

（3）指定定子铁芯（Stator）及转子轭（Yoke）材料属性——DW465_50，这是一种电动机常用非线性铁磁材料。

（4）指定永磁体材料属性——XG196/96。

上述材料分别包含在默认的材料库 sys[materials]和材料库 sys[RMxprt]中，因此需要将此材料库导入到材料设置中，该操作已在 9.2.3 节演示，故不再赘述。

值得注意的是，在该永磁同步电动机的四个永磁体中，充磁方向如图 12-16 所示。

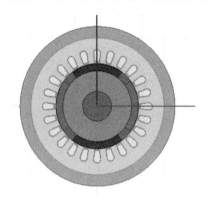
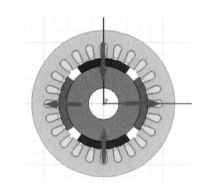

图 12-15　电动机几何模型图　　　　图 12-16　永磁体充磁方向

在 Ansoft/Maxwell14.0 中，XG196/96 永磁体材料的充磁方向默认为 X 轴方向，因此需要建立新的相对坐标系统对四个永磁体进行充磁。执行 Moderler/Coordinate System/Creat/Relative CS/Rotated 命令，坐标原点已固定，只需用鼠标左键选中新建的相对坐标系的 X 轴即可。以转子上方永磁体为例，其充磁方向为全局坐标系的 Y 轴反方向，因此新建的相对坐标系将该方向设置为 X 轴，如图 12-17 所示，在左下角的框内即为新建的相对坐标系。选中转子上方永磁体，在 Properties 对话框中将坐标系改为 RelativeCS1 即可，具体设置如图 12-18 所示。

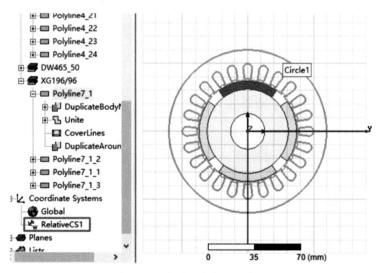

图 12-17　新建立的相对坐标系

图 12-18　永磁体属性设置对话框

其他的三个永磁体也按照上述方式实现即可。结果如图 12-19 所示。

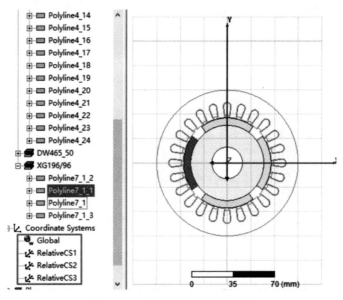

图 12-19　永磁体充磁设置结果

4．定义及加载激励源与边界条件

（1）绕组分相与电流激励源的加载

根据电动机设计单中的绕组排列对三相永磁同步电动机定子槽中的绕组进行分相，A＋、B＋、C＋代表三相正绕组，A－、B－、C－代表三相负绕组，具体分相结果如图 12-20 所示。

根据图 12-20 的绕组分相，可以对模型进行激励源加载，该部分操作与 11.4 节无刷直流电动机的激励源加载基本一致，故不再赘述。其中，单相绕组匝数设置为 25。图 12-21 为 A、B 与 C 相绕组设置结果。

（2）加载 Band 面

右击 Band 圆面，单击 Assign Band，设置为沿 Z 轴旋转运动方式，转速为 1500r/min，具体操作如图 12-22 所示。

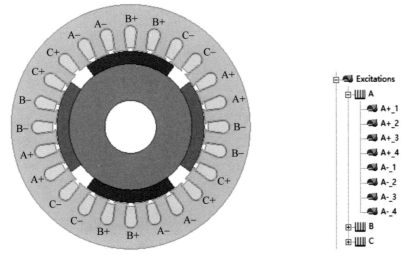

图 12-20　电机绕组分布图　　　　图 12-21　A、B 与 C 相绕组设置结果

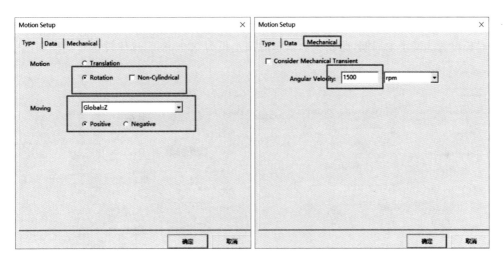

图 12-22　Band 面设置对话框

（3）加载边界条件

首先执行 Edit/Select/Edge 命令，选择最外层面域，再执行 Maxwell 2D/Boundaries/Assign/Vector Potential 命令，会自动弹出磁位函数边界设置对话框，在 Name 对应的框中输入边界条件名称 Boundary，参数值设置为 0，即边界出无磁场通过，也就是说电机边界外无漏磁存在。如图 12-23 所示。

5．设定求解选项参数

（1）设置网格剖分

在网格剖分的设置中，一般气隙线可剖分细些，即 Band 面剖分长度设为 0.3～0.5mm。而定子、转子剖分密度可适当放宽，将剖分长度设为 3～5mm。该部分设置参考 9.2.5 节。

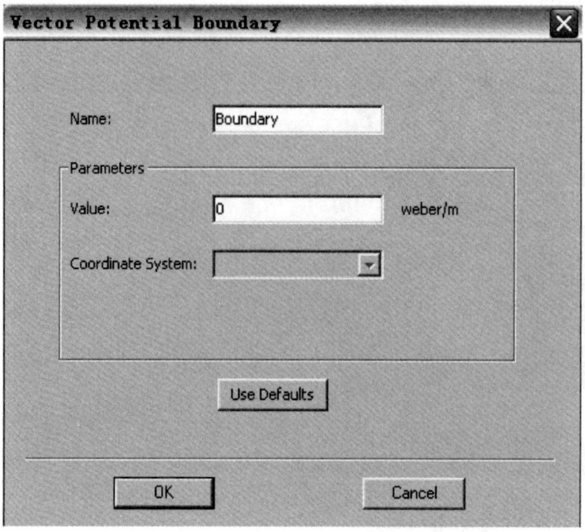

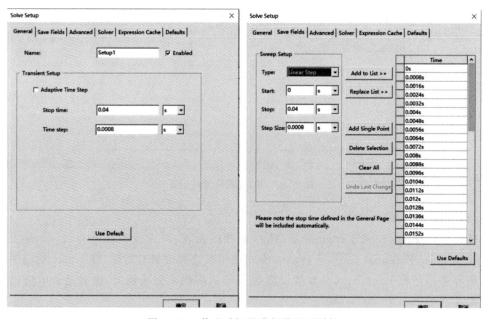

图 12-23　边界绘制与设置对话框

（2）求解设定

该永磁同步电动机为 4 极，转速为 1500r/min，可计算出电周期为 0.02s。在求解设定中，仿真时长设置为两个电周期，即 0.04s，求解时间步长为 0.0008s。具体设置对话框如图 12-24 所示。

图 12-24　截止时间及步长设置对话框

（3）分析自检

有限元分析的模型、载荷、边界、求解项设置均完成后，执行 Maxwell 2D/Validation Check 命令，弹出自检对话框。当所有设置正确后，每项前出现对勾提示，如图 12-25 所示。

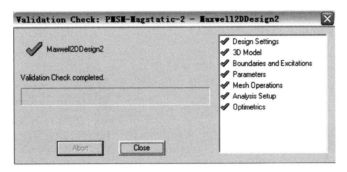

图 12-25　数值求解自检对话框

6. 求解及观察结果

本例中,还需对三相永磁同步电动机的自感与互感进行仿真,因此在求解前需勾选电感矩阵,具体操作为右击 Model,选择 Set Model Depth,在 Matrix Computation 对话框中勾选 Compute Inductance Matrix 即可,具体设置如图 12-26 所示。

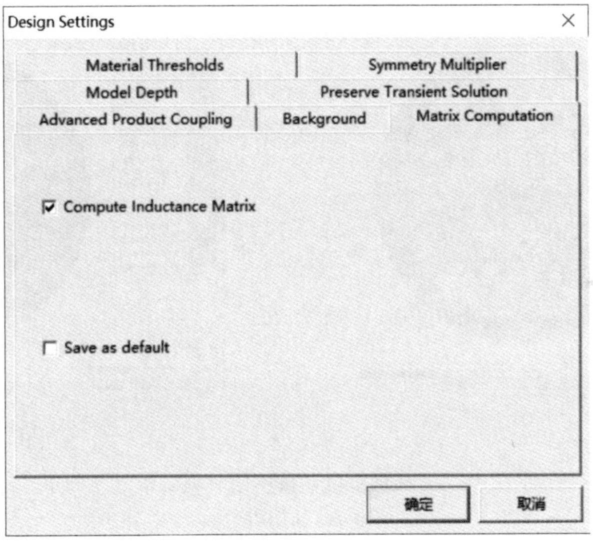

图 12-26　电感求解设置对话框

自检正确完成后,执行 Maxwell 2D/Analysis All 命令,启动求解过程。求解过程中,进程显示框中交替显示系统计算过程的进展信息,如细化剖分、求解矩阵、计算力等。求解过程如图 12-27 所示。

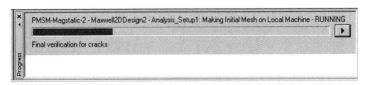

图 12-27　求解过程

　　磁力线、磁通密度分布、磁阻力矩、磁链以及感应电动势等的波形查看设置参考 9.2.6 节、10.4 节与 11.4 节相关操作。图 12-28～图 12-32 给出了相关波形。

彩图 12-28

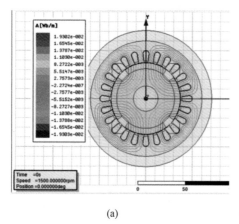

(a)

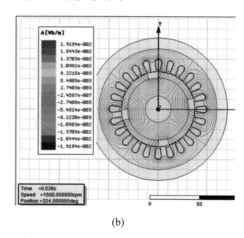

(b)

图 12-28　永磁同步电动机不同时刻磁力线分布

(a) 0s；(b) 0.036s

彩图 12-29

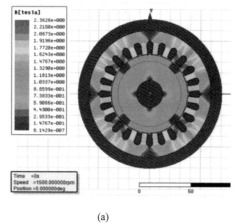

(a)

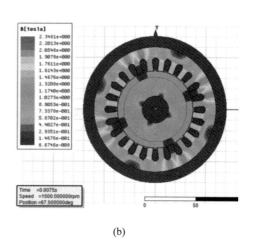

(b)

图 12-29　永磁同步电动机不同时刻磁密云图分布

(a) 0s；(b) 0.0075s

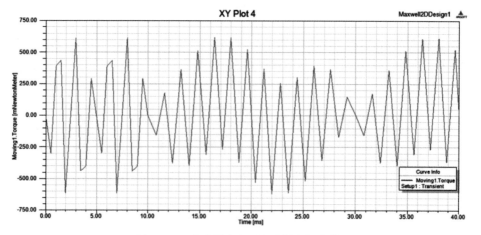

图 12-30　永磁同步电动机磁阻力矩曲线

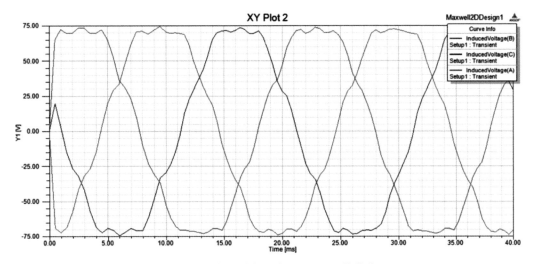

图 12-31　永磁同步电动机三相反电势曲线

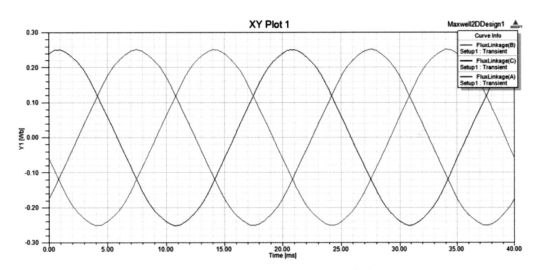

图 12-32　永磁同步电动机三相磁链曲线

执行 Maxwell 2D/Results/Create Transient Report/Rectangular Plot 命令，自动弹出曲线设置对话框，在类别（Category）对话框中选择 Winding 选项，在变量（Quantity）对话框中选择 L(A,A)、L(A,B)、L(A,C)、L(B,B)、L(B,C) 和 L(C,C)，单击 New Report 按钮完成设置，具体设置如图 12-33 所示。图 12-34 所示为永磁同步电动机的三相自感与互感曲线。

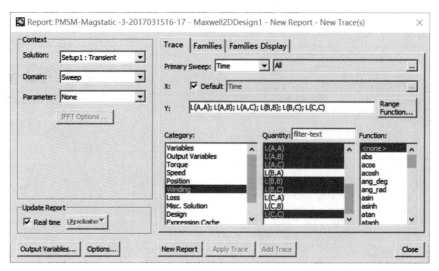

图 12-33　永磁同步电动机三相自感与互感设置对话框

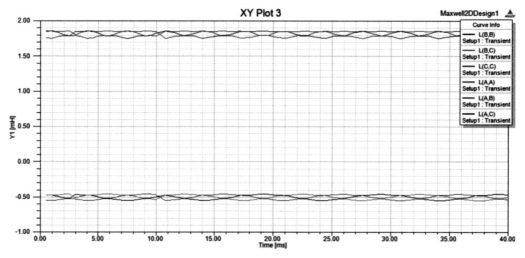

图 12-34　永磁同步电动机三相自感与互感曲线

12.5　思考与实践

（1）分析永磁同步电动机永磁体放置位置不同的影响。还有没有其他永磁体放置结构？请给出仿真分析。

（2）分析永磁同步电动机的 A、B 与 C 相自感与互感大小受哪些参数影响，并给出仿真分析。

永磁磁通切换电动机瞬态磁场分析

13.1 实 践 背 景

永磁磁通切换电动机是一种新型的定子永磁型电机。其结构如图 13-1 所示。具有以下特点：

（1）既具备永磁双凸极电动机和磁通反向电动机转子结构简单、适合高速运行、冷却方便等的优点，又拥有转子永磁型电动机空载磁链为双极性的优点。

（2）具有内嵌式永磁电动机聚磁效应的特点，使得气隙磁场可以设计得很大(可达 2.5T)，导致其在定子外径一样的条件下，转矩和功率都可以高于其他两种定子永磁型电动机，功率密度大，适合于严格限制电动机尺寸，同时需要较高出力的场合，例如航空、航天、航海和电动汽车等领域。

（3）电枢反应磁场和永磁磁场从磁路上说是并联的，具有很强的抗退磁能力。

（4）绕组具有互补型的特点，可以减少或抵消永磁磁链和反电动势波形中的高次谐波分量，在采用定子集中绕组和转子直槽的条件下就可以获得较高的正弦度，较适合无刷交流的方式运行。

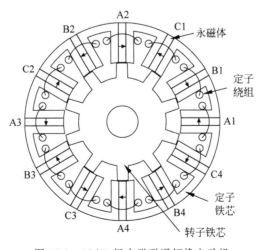

图 13-1　12/10 极永磁磁通切换电动机

13.2 实 践 目 标

(1) 掌握永磁磁通切换电动机的有限元建模和分析方法,完成永磁磁通切换电动机有限元模型的搭建,并对仿真波形进行分析。

(2) 通过对永磁磁通切换电动机的有限元建模与分析,进一步理解该电动机的工作原理,具有分析和解决永磁磁通切换电动机运行问题的能力。

13.3 永磁磁通切换电动机的结构与工作原理

永磁磁通切换电动机定子采用 U 形齿叠片,切向充磁的永磁体夹于 U 形齿之间,相邻两块磁体充磁方向相反,从而产生聚磁效应;每四个集中绕组串联成一相,绕在定子齿上;磁极宽度、齿宽、定子内径槽口宽度保持一致,均为 7.5°。

图 13-1 所示电动机采用集中式绕组,端部小,可有效减少损耗。其中,A1~A4 构成 A相,B1~B4 构成 B 相,C1~C4 构成 C 相。每个线圈横跨在两个定子齿上,中间嵌有一块永磁体,当转子齿分别与两个不同的定子齿对齐时,线圈中匝链的磁链呈双极性变化。

"磁通切换"是指绕组匝链的磁链随着转子位置变化切换方向和数量,即改变正负极性和数值大小。在一个转子极距范围内(电周期内),线圈匝链的磁链从正的最大值到负的最大值。图 13-2 给出了单个线圈中匝链磁链的变化情况。在图 13-2(a)所示的转子位置,永磁体产生的磁通沿着箭头的路径穿出定子,进入与定子齿对齐的转子齿。但当转子运动到图 13-2(b)的位置时,永磁体磁链在数量上保持不变,方向与图 13-2(a)的情况正好相反。当转子在上述两个位置之间连续运动时,绕组里匝链的永磁磁链产生周期性的连续变化,从而产生交变反电势。

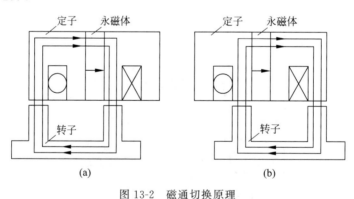

图 13-2 磁通切换原理

(a)磁通穿出绕组;(b)磁通穿入绕组

13.4 永磁磁通切换电动机有限元建模与参数设置

永磁磁通切换电动机有限元建模与参数设置步骤基本与 12.4 节永磁同步电动机建模过程一致,因此本节不再赘述。只针对永磁磁通切换电动机有限元建模过程中的关键步骤进行解析。

本例中建模采用的三相 12/10 极永磁磁通切换电动机如图 13-1 所示。该电动机由定子铁芯、定子绕组、永磁体磁极、转子铁芯组成,具体尺寸如表 13-1 所示。

表 13-1　三相 12/10 极永磁磁通切换电动机尺寸参数

参 数 名 称	参 数 值	参 数 名 称	参 数 值
转子极数	12	转子外径	44m
定子极数	10	转子内径	32mm
定子外径	75mm	轴径	14mm
定子内径	45mm	线圈匝数	25
气隙宽度	1mm	轴向长度	60mm
额定电流	8.6A	永磁体宽度	6mm
定子轭宽度	6mm	转子外径齿宽	6mm

1. 创建项目

启动 Ansoft/Maxwell 并建立新的项目文件,保存为 FSPM.mxwl,设定分析类型为 Maxwell 2D Design。求解器选择 Transient 求解器,坐标平面选择 Cartesian XY。用鼠标右键选择项目管理菜单中的 Model/Set Model Depth,自动弹出对话框,包括模型轴向长度 Model Depth 项,本例中电动机轴向长度为 60mm。

2. 构建几何模型

第 10~12 章已给出变压器、无刷直流电动机以及永磁同步电动机的几何模型绘制的步骤,读者不难通过点、直线、弧线的绘制方法以及布尔加减等操作完成 12/10 极永磁磁通切换电动机的几何模型。其中,表 13-1 中未给出的尺寸参数需要读者自行估算。

图 13-3 为绘制完成的 12/10 极永磁磁通切换电动机几何模型,包括电动机外层面域和 Band 面域。模型采用长方形定子绕组,但未给出绕组尺寸与位置,读者可以根据自身的习惯对绕组建立模型,也可建立为圆形绕组。

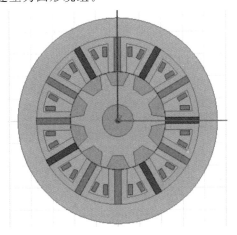

图 13-3　12/10 极永磁磁通切换电动机几何模型

3．定义及分配材料

对于永磁磁通切换电动机瞬态磁场分析，所用永磁体、定转子铁芯以及绕组材料都与第12章永磁同步电动机一致，故不再赘述。

值得注意的是，在该永磁磁通切换电动机的12个永磁体中，相邻两块磁体充磁方向相反，从而产生聚磁作用，具体充磁方向已在图13-1中给出，因此需要建立新的相对坐标系对12个永磁体分别进行充磁。

以图13-1中A1绕组间的永磁体为例，对其进行充磁方向的设置，其他永磁体设置以此类推。由图13-1可知，此永磁体的充磁方向为Y轴正方向。而在Ansoft/Maxwell的永磁体默认充磁方向为X轴正方向，因此，需定义一个局部坐标系，对此永磁体进行充磁，即将默认坐标轴逆时针旋转90°，具体操作为：用鼠标左键单击Modeler/Coordinate System/Create/Relative CS/Both，选中坐标原点，将其下拉至界面右下角，坐标系选择柱坐标系Cylindrical，dPhi设置为90°，按回车键即可。图13-4左侧框内的RelativeCS1即为生成的相对坐标系，可以看出，选中该坐标系后显示当前X轴为竖直向上。选中A1绕组间的永磁体，在属性对话框中将Orientation改为RelativeCS1即可，如图13-5所示。

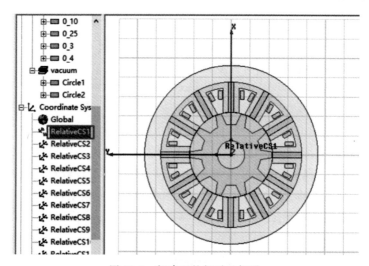

图13-4　新建立的相对坐标系

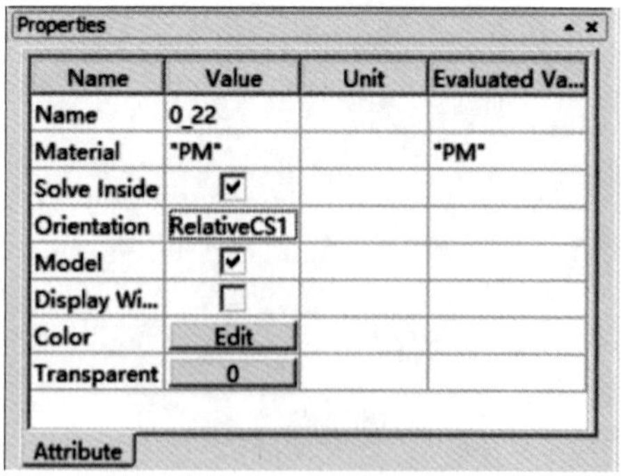

图13-5　永磁体属性设置

其他的 11 个永磁体也按照上述方式实现。需要注意的是,每次新建相对坐标系前都应将当前坐标系改为全局坐标系。

4. 定义、加载激励源与边界条件

(1) 绕组分相与电流激励源的加载

图 13-6 给出了电动机绕组分布图,每相绕组包含四个线圈,例如 A1～A4 构成 A 相绕组,且四个线圈正负极性一致,同向串联。

根据图 13-6 的绕组分相,可以对模型进行激励源加载,该部分操作参考 12.4 节永磁同步电动机的激励源加载相关操作。其中,单相绕组匝数设置为 25。图 13-7 为 A、B 与 C 相绕组设置结果。

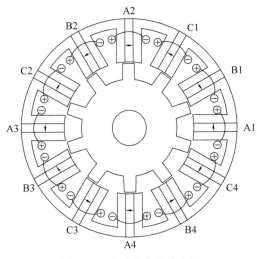

图 13-6　电动机绕组分布图

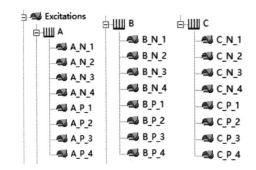

图 13-7　A、B 与 C 相绕组设置结果

(2) 加载 Band 面与边界条件

该部分设置参考 12.4 节永磁同步电动机的 Band 面加载相关操作。需要注意的是,本例中电动机转速为 1000r/min。

5. 设定求解选项参数

(1) 设置网格剖分

在网格剖分设置中,一般气隙线可剖分细些,即 Band 面剖分长度设为 0.3～0.5mm。而定子、转子剖分密度可适当放宽,将剖分长度设为 3～5mm。该部分设置参考 9.2.5 节网格剖分相关操作。

(2) 求解设定

该永磁磁通切换电动机为 12 对极,转速为 1000r/min,可计算出电周期为 0.006s。在求解设定中,仿真时长设置为两个电周期,即 0.012s,求解时间步长为 0.00012s。该部分设置参考 12.4 节永磁同步电动机求解设定相关操作。

（3）分析自检

有限元分析的模型、载荷、边界、求解项设置均完成后，执行 Maxwell 2D/Validation Check 命令，弹出自检对话框，当所有设置正确后，每项前出现对勾提示。

6. 求解及观察结果

本例中还需对三相永磁磁通切换电动机的自感与互感进行仿真，因此在求解前需勾选电感矩阵，具体操作参考 12.4 节永磁同步电动机电感求解设定。自检正确完成后，执行 Maxwell 2D/Analysis All 命令，启动求解过程。

磁力线、磁通密度分布、磁阻力矩、磁链以及感应电动势等波形查看设置已在 11.4 节无刷直流电动机仿真中给出，故不再赘述。图 13-8～图 13-13 给出了相关波形。

彩图 13-8

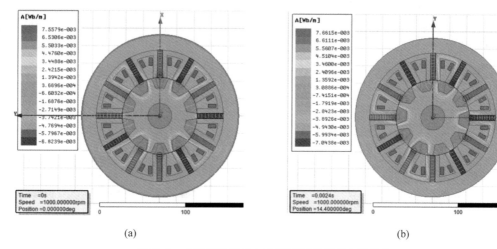

(a) (b)

图 13-8　永磁磁通切换电动机不同时刻磁力线分布

(a) 0s；(b) 0.0024s

彩图 13-9

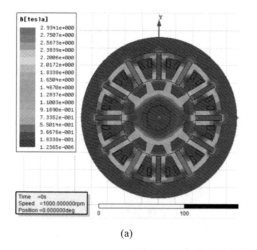
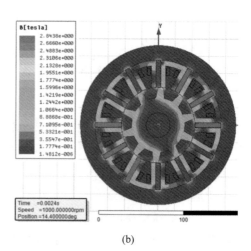

(a) (b)

图 13-9　永磁磁通切换电动机不同时刻磁密云图分布

(a) 0s；(b) 0.0024s

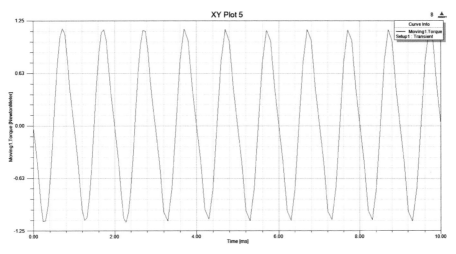

图 13-10　永磁磁通切换电动机磁阻力矩曲线

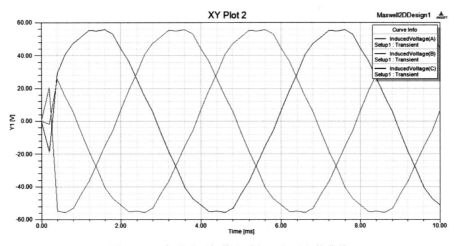

图 13-11　永磁磁通切换电动机三相反电势曲线

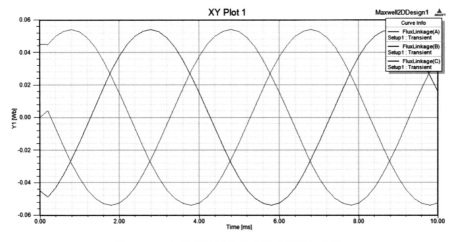

图 13-12　永磁磁通切换电动机三相磁链曲线

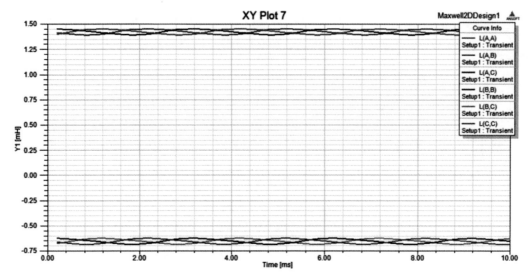

图 13-13　永磁磁通切换电动机三相自感与互感曲线

13.5　思考与实践

（1）分析永磁通切换电动机绕组分相的原则。如果采用其他分相方式，结果如何？请给出仿真分析。

（2）请指出永磁磁通切换电动机中最易产生磁饱和的位置并分析原因。

第4篇 简单开关电源设计实践

第14章

Buck、Boost、Buck-Boost、H 桥的设计与应用

14.1 应 用 背 景

Buck、Boost、Buck-Boost、H 桥属于非隔离型 DC-DC 变换器,在电子电器、交通运输、新能源等各个领域都有广泛的应用。图 14-1 所示为两级式 LED 照明驱动电源结构图,前级为 PFC 变换器,可以采用 Boost、Buck-Boost 等电路拓扑。图 14-2 为一个 600W 的电动自行车充电器功能框图,其中的 PFC 环节采用的是 Boost 电路。

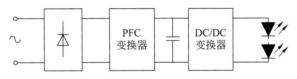

图 14-1　LED 照明驱动电源结构图

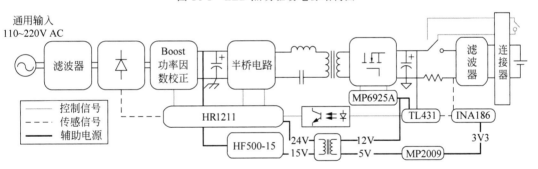

图 14-2　600W 电动自行车充电器功能框图

图 14-3 为家庭能源管理系统结构图,整个系统包含光伏、电网和蓄电池三个能量源,光伏系统采用最大功率点跟踪(maximum power point tracking,MPPT)控制,利用单向 DC-DC 变换器从太阳能电池板获取最大功率。这里的 DC-DC 变换器可采用 Buck 或 Boost 电路。

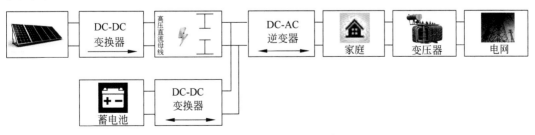

图 14-3　家庭能源管理系统

14.2　实　践　目　标

(1) 了解 Buck、Boost、Buck-Boost、H 桥电路的应用场合。

(2) 掌握 Buck、Boost、Buck-Boost、H 桥电路的工作原理及其电源设计步骤,能根据给定的技术指标完成参数设计,能搭建闭环控制仿真模型并分析仿真结果。

14.3　实践内容(Buck 电路)

采用 Buck 电路拓扑设计一个开关电源,其参数要求如下:输入直流电压 $V_{\text{in}}=42\text{V}$,输出直流电压 $V_{\text{out}}=12\text{V}$,输出电流 $I_{\text{o}}=3\text{A}$,最大输出纹波电压 $\Delta V_{\text{out}}=50\text{mV}$,工作频率 $f=100\text{kHz}$。

1. 主电路原理分析及设计

图 14-4 为 Buck 电路原理图,电流连续工作模式下有两个阶段:电感蓄能阶段和电感释放能量阶段。需要设计的部分包括:①功率开关管的选择;②L 与 C 的计算和选择。

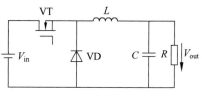

图 14-4　Buck 电路原理图

(1) 功率管的选择

根据工作频率选择功率管的类型:①20kHz 以下选普通低频功率管;②20～50kHz 选开关功率管;③50kHz 以上、10kW 以内选功率 MOSFET;④大功率应用选 IGBT。根据设计要求,可选用功率 MOSFET。

(2) 滤波电感的设计

电流连续的滤波电感 L 应满足式(14-1):

$$L \geqslant L_{\text{B}} = \frac{V_{\text{out}}}{2I_{\text{o}}}(1-D)T \qquad (14\text{-}1)$$

式中,D 为占空比;T 为周期,s;I_{o} 为输出电流,A。

由已知条件可计算出:$T=10^{-5}\text{s}$,$D=V_{\text{out}}/V_{\text{in}}=0.2857$。则:$L \geqslant L_{\text{B}} = 1.4286 \times 10^{-5}\text{H}$。

(3) 电容 C 的选取

如果需要减小输出纹波电压,则需在设计上确保低通滤波器的转折频率远小于变换器的工作频率,即 LC 值越大,纹波越小。电容 C 应满足式(14-2):

$$C \geqslant \frac{T^2 V_{\text{out}}}{8L \Delta V_{\text{out}}}(1-D) \qquad (14\text{-}2)$$

式中,ΔV_{out} 为输出纹波电压,V。

根据系统所能容忍的纹波电压规格可算出输出滤波电容 $C \geqslant 1.5 \times 10^{-4}\text{F}$。

2. 控制电路设计方案

方案 1:电压单闭环 PWM 控制

　　功率开关管驱动电路采用电压单闭环 PWM 控制方式。图 14-5 为电压单闭环 PWM 控制原理图,输出电压经过采样后与给定的基准电压相比较,得到的误差电压送补偿放大环节,再经过脉宽调制,得到一系列控制用脉冲序列,通过驱动器将脉冲放大,从而控制 Buck 变换器的功率开关器件。

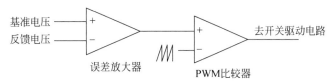

图 14-5　电压单闭环 PWM 控制原理

　　图 14-6 为脉宽调制原理图。当 Buck 电路的输出电压发生变化时,误差电压 $v_c(t)$ 也随之改变。锯齿波时钟信号频率为开关管开关频率,是固定值。$v_c(t)$ 大于锯齿波时钟信号时,输出脉冲为高电平,开关器件导通;$v_c(t)$ 小于锯齿波时钟信号时,输出脉冲为低电平,开关器件关断。例如:Buck 电路输出电压下降,则 $v_c(t)$ 增大,PWM 输出脉冲占空比增大,开关管在一个周期内的导通时间增大,输出电压上升,达到了稳压的效果。

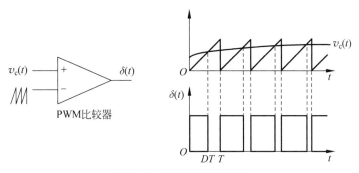

图 14-6　脉宽调制原理图

　　在驱动电路的设计上有多种集成模块可供选用,如 SG1524/1527、TL494、MC34060、UC3842 等。

　　方案 2:电压电流双闭环 PWM 控制

　　控制电路设计方案 1 中采用了电压单闭环控制系统,其特点是结构简单,设计方便,但是当系统突加负载或者输入电压波动时,电压单闭环控制系统的调节作用要到输出电压发生变化后才能起作用,因此,在瞬态过程中控制和调节作用会延迟,系统输出电压可能会发生大幅度的波动,很难获得满意的动态性能。

　　Buck 电路的小信号交流等效电路为二阶电路,有两个状态变量,根据最优控制理论,最优控制系统为全状态反馈系统。为达到更好的控制效果,控制电路设计方案 2 采用电压电流双闭环控制,图 14-7 为电压电流双闭环 PWM 控制原理图。在双闭环控制系统中,电流环为内环,电压环为外环,电流环的输出作为电压环的给定,电流反馈信号采集电感电流平均值,电压反馈信号采集输出电压值,电流环的输出通过 PWM 比较器生成 PWM 信号驱动开关管。

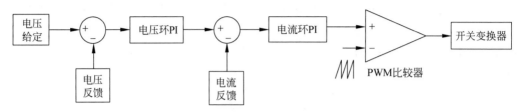

图 14-7　电压电流双闭环 PWM 控制原理图

3. MATLAB/Simulink 建模与仿真

（1）Buck 电路仿真（电压单闭环控制）

图 14-8 为采用电压单闭环控制的 Buck 电路仿真电路图，表 14-1 为仿真参数设置。图 14-9 为闭环条件下的仿真波形图，从上到下波形分别为开关管驱动信号波形、电感电流波形、输出电流波形和输出电压波形。从仿真波形可以看出，满载条件下，电感电流连续，输出电流和输出电压已达到设计要求，输出电压纹波也达到设计要求。

表 14-1　Buck 电路仿真参数设置（电压单闭环控制）

参　　量	数　　值	参　　量	数　　值
输入电压	42V	电感 L	1.4286e−4H
输出电压	12V	电容 C	1.5e−4F
负载	阻性负载（4Ω）	工作频率 f	100kHz

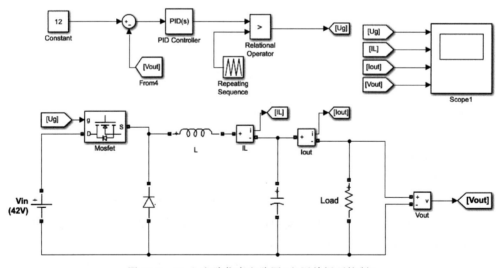

图 14-8　Buck 电路仿真电路图（电压单闭环控制）

（2）Buck 电路仿真（电压电流双闭环控制）

图 14-10 所示为采用电压电流双闭环控制的 Buck 电路仿真电路图。图 14-11 为电压电流双闭环控制系统仿真图，这里的 PI 环节可以采用 Simulink 中的 PID 模块进行参数设置，从而实现调节功能。Sample and Hold 为采样保持环节，对应的是电感电流平均值和输出电压平均值的采集。

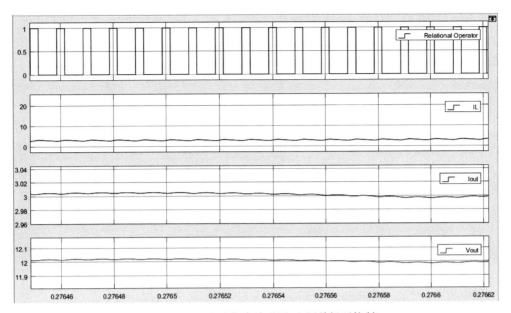

图 14-9　Buck 电路仿真波形图（电压单闭环控制）

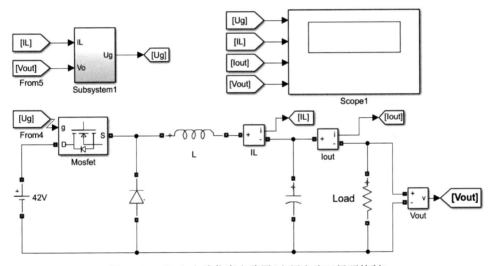

图 14-10　Buck 电路仿真电路图（电压电流双闭环控制）

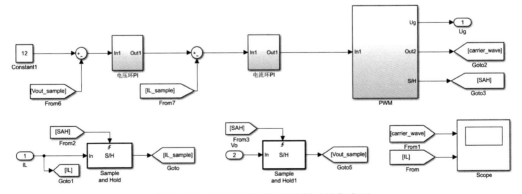

图 14-11　电压电流双闭环控制系统仿真图

图 14-12 为等腰三角载波和电感电流波形。从图 14-12 可看出,电感电流平均值正好对应等腰三角波的峰值位置。所以,仿真时在等腰三角波峰值位置采集电感电流数值作为电感电流平均值。

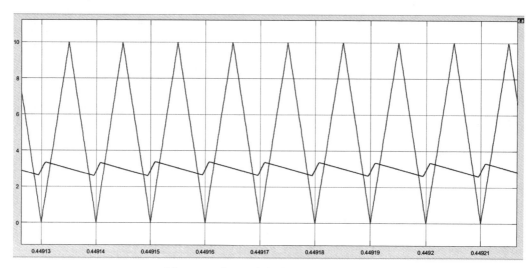

图 14-12　等腰三角载波和电感电流波形

图 14-13 为 Buck 电路仿真波形图(电压电流双闭环控制)。从上到下波形分别为开关管驱动波形、电感电流波形、输出电流波形和输出电压波形。从图 14-13 可看出,在满载条件下,输出电压更稳定,纹波电压数值比采用电压单闭环控制时要小,控制效果更好。

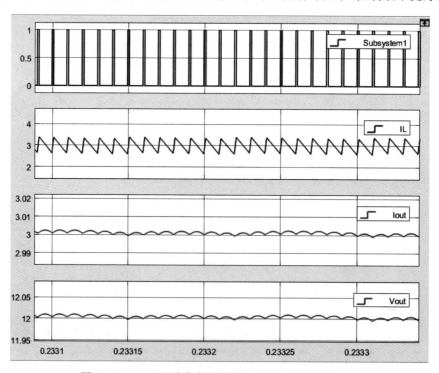

图 14-13　Buck 电路仿真波形图(电压电流双闭环控制)

4．仿真结果分析

图 14-14 为 Buck 电路输出电压仿真波形比较(上图为电压单闭环控制,下图为电压电流双闭环控制)。从图 14-14 可以看出,采用电压单闭环控制时,在启动瞬间会有电压过冲,而采用电压电流双闭环的控制方案,系统动态响应速度快,无电压过冲现象。

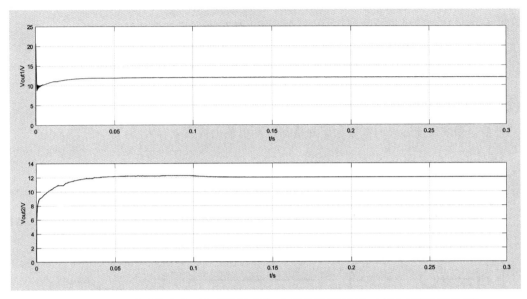

图 14-14　Buck 电路输出电压仿真波形比较(电压单闭环控制与电压电流双闭环控制)

14.4　实践内容(Boost 电路)

采用 Boost 电路拓扑设计一个开关电源,其参数要求如下:输入直流电压 $V_{in}=24V$,输出直流电压 $V_{out}=54V$,输出电流 $I_o=10A$,最大输出纹波电压 $\Delta V_{out}=200mV$,工作频率 $f=100kHz$。

1．主电路原理分析及设计

图 14-15 为 Boost 电路原理图,电流连续工作模式下有两个阶段:电感蓄能阶段和电感释放能量阶段。需要设计的部分包括:①功率开关管的选择;②L 与 C 的计算和选择。

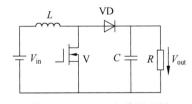

图 14-15　Boost 电路原理图

(1)功率管的选择

根据工作频率选择功率管的类型:①20kHz 以下选普通低频功率管;②20～50kHz 选开关功率管;③50kHz 以上、10kW 以内选功率 MOSFET;④大功率应用选 IGBT。根据设计要求,可选用功率 MOSFET。

(2)滤波电感的设计

电流连续的滤波电感 L 应满足式(14-3):

$$L \geqslant L_B = \frac{V_{out} T}{2 I_o} D (1-D)^2 \qquad (14\text{-}3)$$

当 D 在 $0\sim1/3$ 范围内时，D 增加，L 增加；当 D 在 $1/3\sim1$ 范围内时，D 增加，L 减小。

由已知条件可计算出：$T = 10^{-5}\text{s}, D = 1 - V_{in}/V_{out} = 0.556$。则：$L \geqslant L_B = 2.957 \times 10^{-6} \text{H}$。

（3）电容 C 的选取

如果需要减小输出纹波电压，则需在设计上确保低通滤波器的转折频率远小于变换器的工作频率，即 LC 值越大，纹波越小。电容 C 应满足式（14-4）：

$$C > \frac{100 D P_o}{f \gamma V_{out}^2} \qquad (14\text{-}4)$$

式中，P_o 为输出功率，W。

根据系统所能容忍的纹波电压规格即可算出输出滤波电容大小：$C > 2.78 \times 10^{-2} \text{F}$。

2. 控制电路设计方案

方案 1：电流单闭环 PWM 控制

功率开关管驱动电路采用电流单闭环 PWM 控制方式。电流控制方式分为峰值电流控制和平均电流控制两种，这里采用平均电流控制方式。

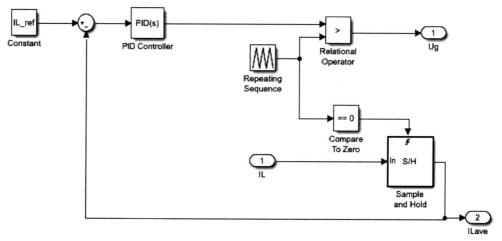

图 14-16　Boost 电路的电流单闭环 PWM 控制电路仿真图

图 14-16 为 Boost 电路的电流单闭环 PWM 控制电路仿真图。采集电感电流平均值，与给定的基准相比较，得到的误差信号送补偿放大环节，再经过脉宽调制，得到一系列控制用脉冲序列，通过驱动器将脉冲放大，从而控制 Boost 变换器的功率开关器件。图中 Sample and Hold 为采样保持环节，对应的是电感电流平均值的采集。

方案 2：电压电流双闭环 PWM 控制

控制电路设计方案 1 中采用的是电流单闭环控制系统，其特点是结构简单，设计方便，但是需要预设电流平均值参考量，同时没有对输出电压进行控制调节，当系统突加负载或者输入电压波动时，输出电压不能得到有效、快速的调节。

　　为达到更好的控制效果,可采用电压电流双闭环控制。图 14-17 为 Boost 电路的电压电流双闭环 PWM 控制原理仿真图。在双闭环控制系统中,电流环为内环,电压环为外环,电流环的输出作为电压环的给定,电流反馈信号采集电感电流平均值,电压反馈信号采集实时输出电压,电流环的输出通过 PWM 比较器生成 PWM 信号驱动开关管。图 14-18 为 Boost 电路的控制环节 PWM 模块仿真电路图。

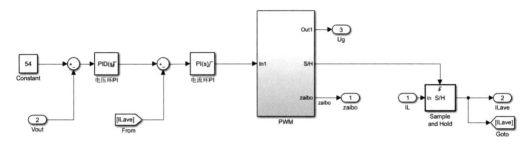

图 14-17　Boost 电路的电压电流双闭环 PWM 控制原理仿真图

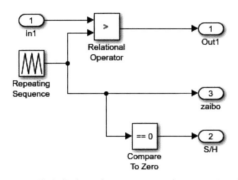

图 14-18　PWM 模块仿真电路图(Boost 电路电压电流双闭环控制)

　　调节 PI 参数时,电压环 PI 输出限幅会影响输出电压值,可以对电压环 PI 输出限制幅值(最低 0,最高 inf)。

3. MATLAB/Simulink 建模与仿真

　　(1) Boost 电路仿真(电流单闭环 PWM 控制)

　　图 14-19 为采用电流单闭环控制的 Boost 电路仿真电路图。表 14-2 为 Boost 电路仿真(电流单闭环)仿真参数设置,图 14-20 为 Boost 电路仿真波形图(电流单闭环控制),从上到下波形分别为驱动信号波形、电感电流波形和输出电压波形。从图 14-20 可以看出,满载条件下电压、电流都达到了设计要求。

表 14-2　Boost 电路仿真参数设置(电流单闭环控制)

参　　量	数　　值	参　　量	数　　值
输入电压	24V	电感 L	2.957e-4H
输出电压	54V	电容 C	2.78e-2F
负载	阻性负载(5.4Ω)	工作频率 f	100kHz

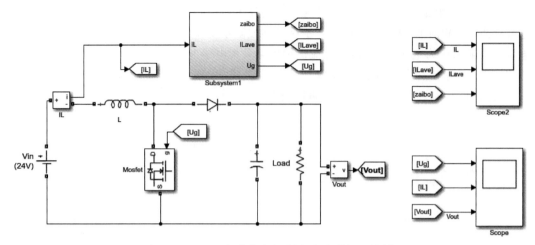

图 14-19　Boost 电路仿真电路图(电流单闭环控制)

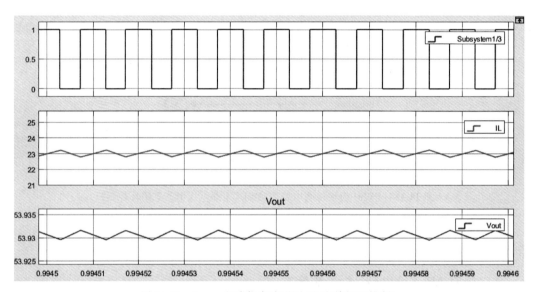

图 14-20　Boost 电路仿真波形图(电流单闭环控制)

（2）Boost 电路仿真（电压电流双闭环 PWM 控制）

图 14-21 为采用电压电流双闭环控制的 Boost 电路仿真电路图。图 14-22 为采用电压电流双闭环控制的 Boost 电路仿真波形图，从上到下波形分别为驱动信号波形、电感电流波形和输出电压波形。从图 14-22 中可以看出，在电压电流双闭环控制模式下，系统的电压和电流信号均达到设计要求。

4. 仿真结果分析

从图 14-20 和图 14-22 可以看出，与电流单闭环控制系统相比，采用电压电流双闭环控制系统可以对电压和电流同时起到调节作用，能增加系统的稳定性。

图 14-23 为采用电压电流双闭环控制的 Boost 电路突加负载仿真电路图。图 14-24 为采用电压电流双闭环控制的 Boost 电路突加负载仿真波形图，设置系统在 0.5s 时由半载变

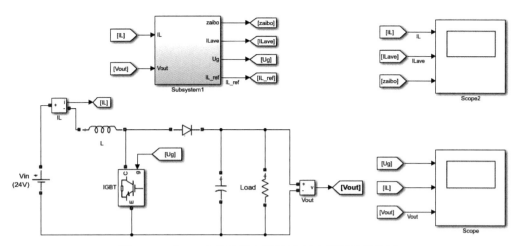

图 14-21　Boost 电路仿真电路图(电压电流双闭环控制)

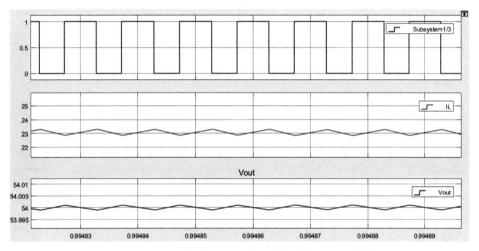

图 14-22　Boost 电路仿真波形图(电压电流双闭环控制)

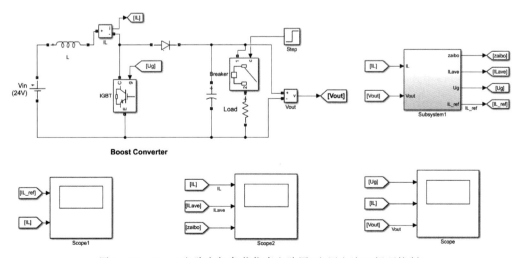

图 14-23　Boost 电路突加负载仿真电路图(电压电流双闭环控制)

为满载。从图 14-24 中可以看出,在 0.5s 处由于突加负载,输出电压下降,但采用电压电流双闭环控制系统的 Boost 电路可以快速调节系统重新至稳定状态。图 14-25 为采用电压电流双闭环控制的 Boost 电路电感电流跟踪波形图,从图 14-25 中可以看出,电感电流很好地跟踪了给定信号。

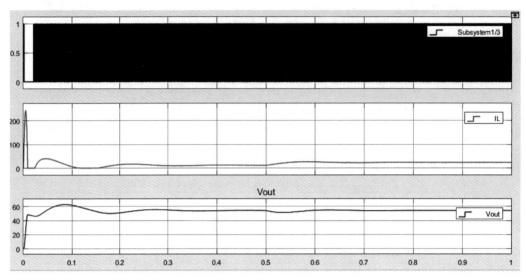

图 14-24　Boost 电路突加负载仿真波形图(电压电流双闭环控制)

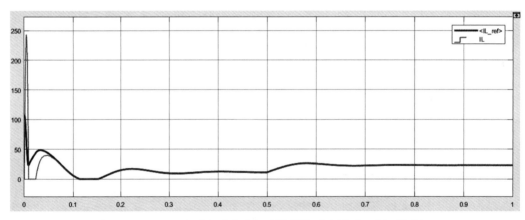

图 14-25　Boost 电路电感电流跟踪波形图(电压电流双闭环控制)

14.5　实践内容(Buck-Boost 电路)

采用 Buck-Boost 电路拓扑设计一个开关电源,其参数要求如下:输入直流电压 $V_{in}=20V$,输出直流电压 $V_{out}=10\sim40V$,负载 $R=10\Omega$,最大输出纹波电压 $\Delta V_{out}=200mV$,工作频率 $f=20kHz$。

1. 主电路原理分析及设计

图 14-26 为 Buck-Boost 电路原理图,结构上相当于 Buck 电路和 Boost 电路的结合,输出电压与输入电压极性相反。设计部分包括:①功率开关管的选择;②L 与 C 的计算和选择。

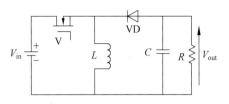

图 14-26　Buck-Boost 电路原理图

（1）功率管的选择

根据工作频率选择功率管的类型:①20kHz 以下选普通低频功率管;②20～50kHz 选开关功率管;③50kHz 以上、10kW 以内选功率 MOSFET;④大功率应用选 IGBT。根据设计要求,综合考虑后选用功率 MOSFET。

（2）滤波电感的设计

输出 10V 时,占空比为:$D = V_{out}/(V_{in} + V_{out}) = 1/3$。输出 40V 时,占空比为:$D = V_{out}/(V_{in} + V_{out}) = 2/3$。则连续模式下电感 L 应满足式(14-5):

$$L \geqslant \frac{R}{2}(1-D)^2 T \tag{14-5}$$

当 $D = 1/3$ 时,由式(14-5)计算得 $L \geqslant 111\mu H$;当 $D = 2/3$ 时,由式(14-5)计算得 $L \geqslant 27.8\mu H$;取 $L = 111\mu H$。

（3）电容 C 的选取

电容 C 的计算公式为

$$C = \frac{V_{out} DT}{R \Delta V_{out}} \tag{14-6}$$

当 $D = 1/3$ 时,由式(14-6)计算得 $C = 833\mu F$;当 $D = 2/3$ 时,由式(14-6)计算得 $C = 1.67mF$。

2. 控制电路设计方案

采用电压电流双闭环 PWM 控制方式来控制 Buck-Boost 电路。图 14-27 为 Buck-Boost 电路的电压电流双闭环 PWM 控制电路仿真图。图 14-27 中的 Step 模块用来设置电压给定值,电压给定值减去输出电压(V_{out})后的差值通过电压环 PI 放大,放大后的电压差值

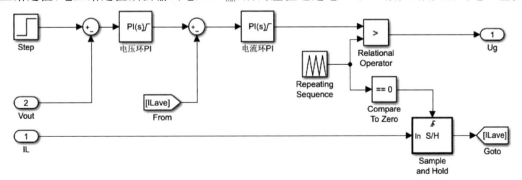

图 14-27　Buck-Boost 电路的电压电流双闭环 PWM 控制电路仿真图

作为电流环的给定值,该给定值减去电感电流平均值(I_{Lave})后的差值通过电流环 PI 放大,电流环输出信号与等腰三角波相比较,形成 PWM 信号(U_g)驱动开关管。

3. MATLAB/Simulink 建模与仿真

图 14-28 为采用电压电流双闭环控制的 Buck-Boost 电路仿真电路图。表 14-3 为 Buck-Boost 电路仿真参数设置。图 14-29 是输出电压为 10V 时的 Buck-Boost 电路仿真波形图,从上到下波形分别为驱动信号波形、电感电流波形和输出电压波形。从图 14-29 中可以看出,电感电流处于临界连续状态,输出电压纹波达到设计要求。图 14-30 是输出电压为 40V 时的 Buck-Boost 电路仿真波形图,从上到下波形分别为驱动信号波形、电感电流波形和输出电压波形。从图 14-30 中可以看出,电感电流连续,输出电压纹波大小达到设计要求。

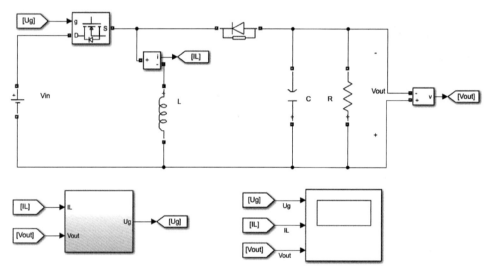

图 14-28　Buck-Boost 电路仿真电路图(电压电流双闭环控制)

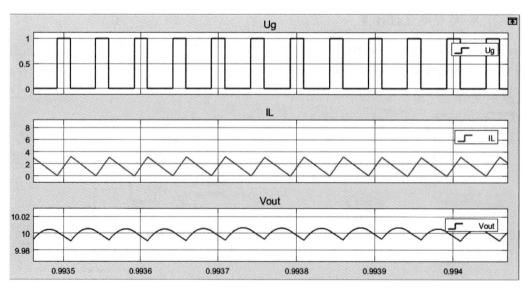

图 14-29　采用电压电流双闭环控制的 Buck-Boost 电路仿真波形图($V_{out}=10\text{V}$)

表 14-3　Buck-Boost 电路仿真参数设置（电压电流双闭环控制）

参　量	数　值	参　量	数　值
输入电压	20V	电感 L	111e-6H
输出电压	10～40V	电容 C	1.67e-3F
负载	阻性负载(10Ω)	工作频率 f	20kHz

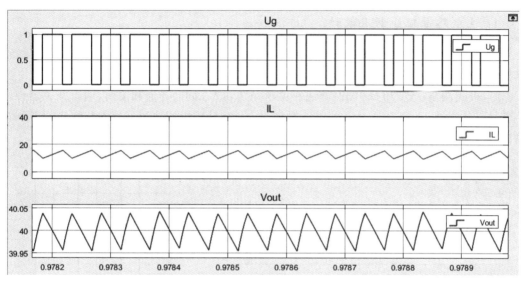

图 14-30　采用电压电流双闭环控制的 Buck-Boost 电路仿真波形图(V_{out}＝40V)

图 14-31 为输出电压从 10V 跳变到 40V 时 Buck-Boost 电路的仿真波形图，系统设置在 t＝0.5s 时输出电压跳变。从图 14-31 中可以看出，输出电压很好地跟踪了给定信号。

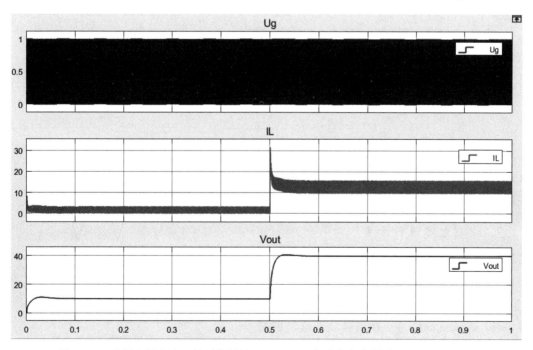

图 14-31　采用电压电流双闭环控制的 Buck-Boost 电路仿真波形图(V_{out}＝10～40V)

14.6　实践内容（H桥变流器电路）

设计一个双极式调制方式的桥式直流 PWM 变换器，参数要求如下：输入直流 $V_{in}=200V$，反电动势负载 $E_m=50V$，$R=1\Omega$，$L=1mH$。

1. 主电路原理分析及设计

图 14-32 所示为 H 桥变流器电路原理图，该电路拓扑常用于直流电动机的可逆运行。其控制方式有双极式、单极式和受限单极式等。

双极式调制：V1 和 V4 同时导通和关断，V2 和 V3 同时导通和关断，两组开关器件开关信号互补。图 14-33 为 4 个开关器件的驱动信号和输出电压波形。当 V1 和 V4 开通时，输出电压为 $+V_{in}$，当 V2 和 V3 开通时，输出电压为 $-V_{in}$。

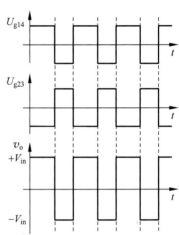

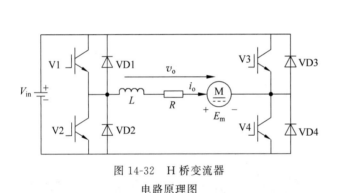

图 14-32　H 桥变流器
电路原理图

图 14-33　V1～V4 的驱动信号
和输出电压 v_o 波形

由图 14-33 可知，输出电压平均值 V_o 的计算式为

$$V_o = \frac{t_{on}}{T}V_{in} + \frac{t_{off}}{T}(-V_{in}) = \frac{t_{on}-t_{off}}{T}V_{in} = (2D-1)V_{in} \tag{14-7}$$

由式(14-7)可知，改变占空比 D 就可以改变输出电压。当 $0.5<D<1$ 时，输出电压平均值为正值；当 $0<D<0.5$ 时，输出电压平均值为负值。

2. 控制电路设计方案

电路采用双极式调制控制方式。图 14-34 为双极式调制的基本原理，其中 u_c 为载波，这里采用等腰三角波；u_r 为信号波，这里希望输出为直流，所以 u_r 为直流信号。在信号波和载波的交点处控制器件通断：当 $u_r>u_c$ 时，开通 V1 和 V4，关

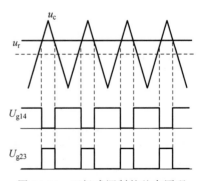

图 14-34　双极式调制的基本原理

断 V2 和 V3；当 $u_r < u_c$ 时，开通 V2 和 V3，关断 V1 和 V4。载波大小和占空比的关系：$u_r = 2D - 1$。

3. MATLAB/Simulink 建模与仿真

图 14-35 为桥式直流 PWM 变换器仿真电路图。主电路为 H 桥式结构，控制方式采用双极式调制，载波频率为 10kHz，仿真算法选择 ode23t。图 14-36 为等腰三角波和 Step 参数设置对话框，Step 模块用来设置信号波，在这里设置 0.2s 时输出电压从 150V 变为 −150V。

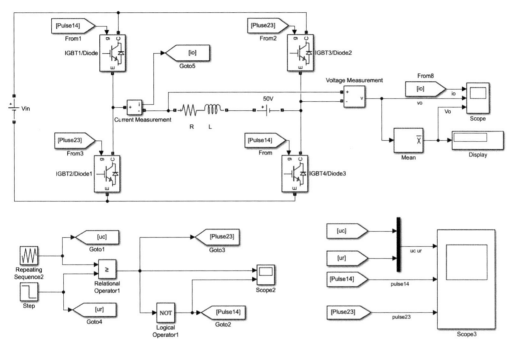

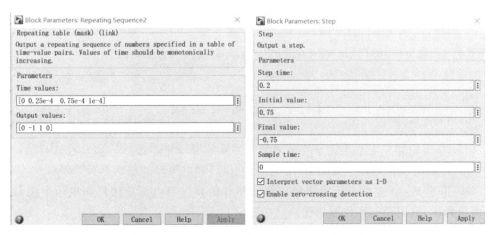

图 14-35　桥式直流 PWM 变换器仿真电路图

图 14-36　等腰三角波和 Step 参数设置对话框

图 14-37 为桥式直流 PWM 变换器仿真波形图,波形分别为输出电流 i_o 的波形、输出电压 v_o 的波形和输出电压平均值 V_o 的波形。从图 14-37 可以看出,输出电压符合设计要求,在 0.2s 时刻驱动信号发生了改变,输出电压从正值变为负值。图 14-38 为桥式直流 PWM 变换器控制信号仿真波形图,波形分别为载波 u_c 的波形和信号波 u_r 的波形、V1 和 V4 的驱动信号波形、V2 和 V3 的驱动信号波形。

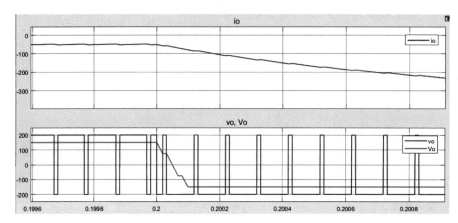

图 14-37　桥式直流 PWM 变换器仿真波形图

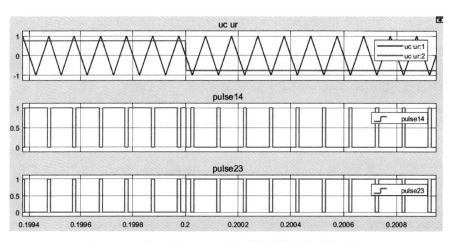

图 14-38　桥式直流 PWM 变换器控制信号仿真波形图

14.7　思考与实践

（1）Buck 电路中电感电流平均值采集的仿真模型如何搭建？

（2）电压电流双闭环控制的 Buck 电路、电压环和电流环的输出是否要限幅？

（3）搭建 Boost 电路电压单闭环控制模型并仿真。与电流单闭环和电压电流双闭环控制系统相比,电压单闭环控制的优缺点在哪里？

（4）搭建桥式直流 PWM 变换器仿真电路。采用单极式和受限单极式控制方式仿真,并与双极式控制方式相比较,其优缺点在哪里？

第 **15** 章

整流电路的设计与应用

15.1 应 用 背 景

整流电路(AC-DC)是最早出现的一种电力电子电路,功能是把交流电转换成直流电。其拓扑结构多种多样,在工业生产、电力系统、新能源发电等领域有着广泛的应用。

图 15-1 所示为变频器电路。图 15-1(a)采用的是二极管不控整流,优点是结构简单、成本低,缺点是交流侧功率因数较低。图 15-1(b)进行了改进,采用了具有输入功率因数校正功能的 PWM 整流电路,有效减小了对电源系统的谐波影响。图 15-2 所示为采用双馈感应发电机的风力发电系统结构图,从图 15-2 中可以看出,风力发电机发出来的电要经过整流器、逆变器,再连接电网。

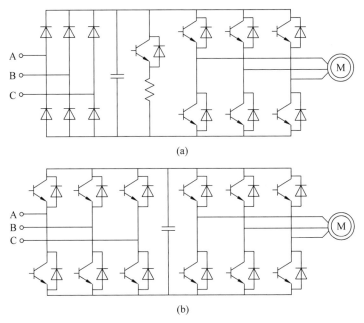

图 15-1 采用不控整流和 PWM 整流的变频器

(a) 不控整流;(b) PWM 整流

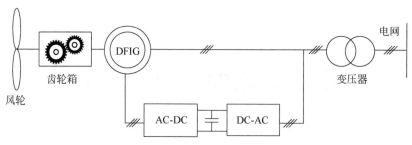

图 15-2   采用双馈感应发电机的风力发电系统结构图

15.2   实 践 目 标

（1）了解晶闸管相控整流器的应用场合。

（2）掌握晶闸管相控整流电路的工作原理及其电源设计步骤，能根据给定的技术指标完成参数设计，能搭建闭环控制仿真模型并分析仿真结果。

15.3   实 践 内 容

采用晶闸管三相桥式全控整流电路拓扑设计一个闭环控制直流稳压电源。参数要求如下：输入工频 $U_1 = 380\text{V}$；带蓄电池负载，其中 $R = 1\Omega$，$E = 120\text{V}$，要求输出直流电压在 $0 \sim 200\text{V}$，保证电流连续的最小电流为 4A。

1. 主电路原理分析及设计

图 15-3 为晶闸管三相桥式全控整流电路，输入为三相 380V/50Hz。该电路的优点在于输出波形脉动小，波形质量好，变压器二次绕组中正负两个半周电流方向相反且波形对称，不存在变压器直流磁化问题，变压器绕组利用率高。

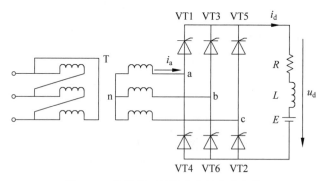

图 15-3   晶闸管三相桥式全控整流电路

电感电流连续时，晶闸管三相桥式全控整流电路（$RL\text{-}E$ 负载）的工作情况与大感性负载时相似，电路中各处电压、电流波形均相同。

（1）整流变压器额定参数的计算

输出电压平均值 U_d 的计算式见式（15-1）：

$$U_d = 2.34U_2\cos\alpha \tag{15-1}$$

式中，U_2 为变压器二次侧单相输入电压有效值，V；α 为控制角，（°）。

已知输出电压 $U_d = 200\text{V}$，$\alpha = 0°$，由式（15-1）可计算出 $U_2 = 85.47\text{V}$，则变压器变比 $K = U_{1\varphi}/U_2 \approx 220\text{V}/85.47\text{V}$。

（2）电抗器参数的计算

电抗器 L 的计算式见式（15-2）：

$$L = 0.693 \times 10^{-3}\frac{U_2}{I_{d\min}} \tag{15-2}$$

式中，$I_{d\min}$ 为输出电流最小值，A。

已知输入电压有效值 $U_2 = 85.47\text{V}$，$I_{d\min} = 4\text{A}$，由式（15-2）可计算出电抗器 $L = 14.8\text{mH}$。

2. 控制电路设计方案

晶闸管三相桥式全控整流电路采用电流闭环控制，图 15-4 为晶闸管三相桥式全控整流电路电流单闭环控制电路仿真图。图 15-4 中的 Step 模块（I_d-Reference）用来设置输出电流给定值，电流给定值减去实际输出电流的差值通过 PI 环放大，放大后的差值取反和 90 相加，最后作为移相角输入脉冲发生器生成 6 路双脉冲，触发对应的晶闸管。PLL 模块为锁相环，锁相环模块是一个闭环控制系统，该系统通过内部频率振荡器跟踪正弦三相信号的频率和相位。控制系统通过调节内部振荡器频率，使相位差保持在 0°。

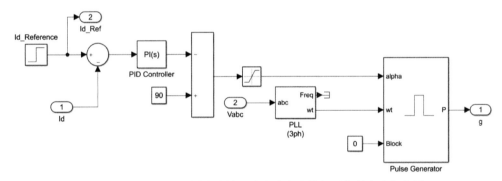

图 15-4　晶闸管三相桥式全控整流电路电流单闭环控制电路仿真图

3. MATLAB/Simulink 建模与仿真

图 15-5 为晶闸管三相桥式全控整流电路仿真电路图。这里的三相桥选用桥式结构模块 Thyristor Bridge 来搭建。表 15-1 给出了仿真参数设置情况。

图 15-6 为 $I_d = 4\text{A}$ 时的晶闸管三相桥式全控整流电路仿真波形图，从上到下波形分别对应变压器二次侧电流 i_a、输出电压 u_d、输出电流 i_d 及输出电流给定值 I_{d_Ref}。从图 15-6 中可以看出，输出电流处于临界连续状态，输出电流平均值和输出电压平均值在仿真结束后可从图 15-5 中的 Display1 模块和 Display 模块中显示，应该分别为 4A 和 124V，与理论计算

结果相符。

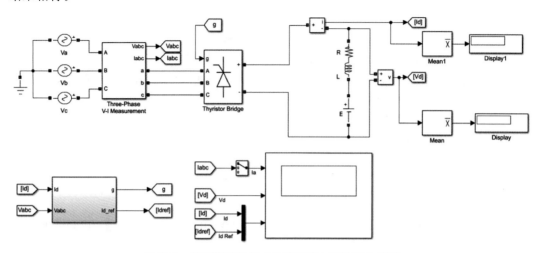

图 15-5　晶闸管三相桥式全控整流电路仿真电路图

表 15-1　晶闸管三相桥式全控整流电路仿真参数设置

参　量	数　值
输入电压	85.47V(变压器二次侧交流电压有效值)
输出电压	0~200V
R	1Ω
E	120V
L	11.5e−3H

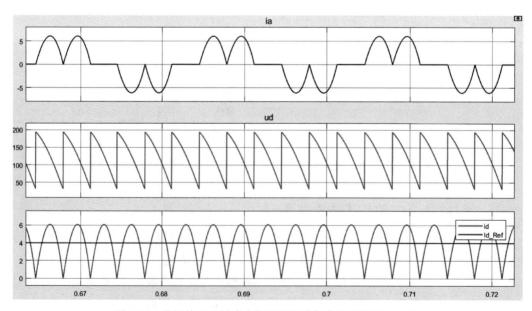

图 15-6　晶闸管三相桥式全控整流电路仿真波形图(I_d=4A)

图 15-7 为 U_d＝200V 时的晶闸管三相桥式全控整流电路仿真波形图。因为采用了电流反馈控制方式,所以用理论方法计算,当输出电压为 200V 时,对应的输出电流 I_d＝(200V－120V)/1Ω＝80A,在控制电路部分设置电流给定值为 80A。从图 15-7 中可以看出,输出电流很好地跟踪了给定值。仿真后从图 15-5 中的 Display 模块和 Display1 模块可以观察到输出电压平均值和输出电流平均值,与理论计算结果相符。

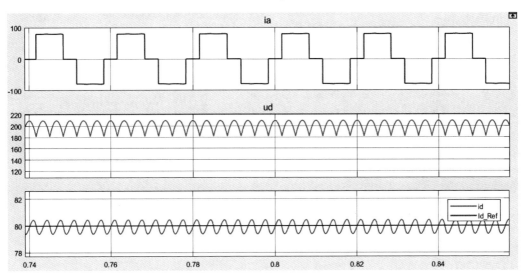

图 15-7　晶闸管三相桥式全控整流电路仿真波形图(U_d＝200V,I_d＝80A)

4.仿真结果分析

仿真开始前,在示波器模块 Scope 的设置中勾选 Log data to workspace,如图 15-8 所示。当模拟完成后,打开 Powergui 并选择 FFT Analysis 以显示在 ScopeData1 结构中保存的 0~2000Hz 信号频谱。

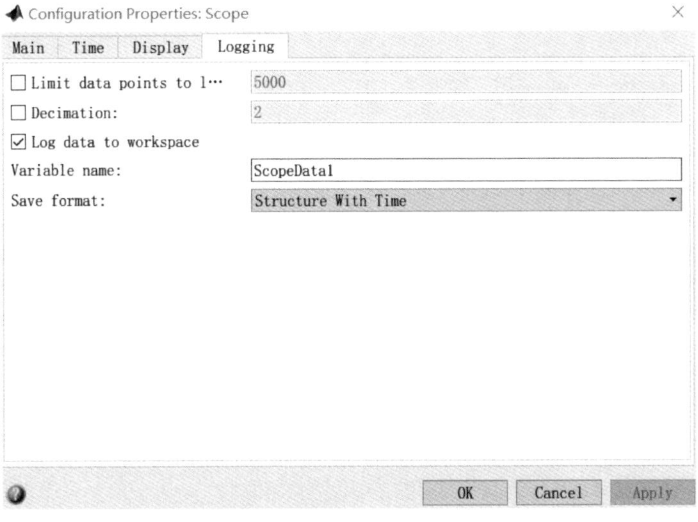

图 15-8　在 Scope 中设置将仿真参数保存到 workspace

图 15-9 为输出电压谐波分析窗口。从图 15-9 中可以看出,输出电压中的直流分量为 199.9V,其余还包括谐波($6k * 50\mathrm{Hz}, k = 1,2,3\cdots$)。

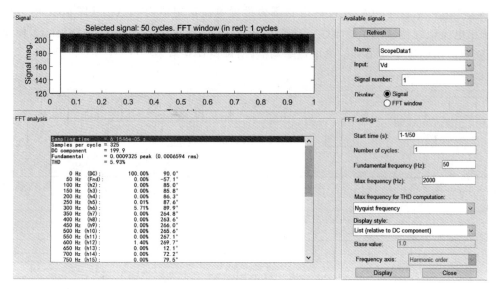

图 15-9 输出电压谐波分析窗口

15.4 思考与实践

晶闸管三相桥式全控整流电路的优缺点分别是什么?

第 16 章

双向 DC-DC 变换器的设计与应用

16.1 应用背景

常规的 DC-DC 变换器是单向工作的,即能量经变换器流动的方向为单方向。对于有些需要能量双向流动的场合,如果采用单向 DC-DC 变换器,那就需要将两个单向 DC-DC 变换器反向并联,采用两个单向 DC-DC 变换器反向并联会使得电源体积较大,变换器切换费时。所以,在不间断电源、电动车驱动系统、超级电容及蓄电池充放电能量均衡系统等场合大多采用双向 DC-DC 变换器。

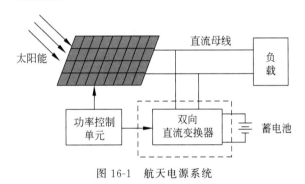

图 16-1 航天电源系统

图 16-1 所示为航天电源系统结构图,太阳能电池阵列通常工作在最大功率跟踪点(MPPT)。太阳光充足时,由太阳能电池给负载供电,同时通过双向变换器给蓄电池充电;当太阳光照不足时,通过双向 DC-DC 变换器释放蓄电池内的能量,给负载供电。

16.2 实践目标

(1) 了解双向 DC-DC 变换器的基本拓扑结构及其应用场合。

(2) 掌握双向 Buck-Boost 电路的工作原理及其电源设计步骤,能根据给定的技术指标完成参数设计,能搭建闭环控制仿真模型并分析仿真结果。

16.3 实践内容

采用双向 Buck-Boost 电路设计一个蓄电池充放电电路,其参数要求如下:低压侧接蓄电池,直流电压 $V_2=12\text{V}$;高压侧直流电压 $V_1=24\text{V}$;负载 $R_2=1\Omega$;降压模式时充电,升压模式时放电,工作频率 $f=100\text{kHz}$。

1. 主电路原理分析及设计

图 16-2 为双向 Buck-Boost 电路拓扑。双向 Buck-Boost 变换器是在 Buck 变换器拓扑的基础上演变而来的,将 Buck 变换器中的续流二极管改为开关管并联二极管的结构即可构造出双向 Buck-Boost 拓扑。

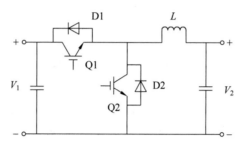

图 16-2   双向 Buck-Boost 电路拓扑

双向 Buck-Boost 电路有两种工作方式:第一种是降压(Buck)模式,能量从 V_1 流向 V_2,电感 L 上的电流方向为自左向右;第二种是 Boost 模式,能量从 V_2 流向 V_1,电感 L 上的电流方向为自右向左。能量双向流动时,电压极性没有改变,电流为双向。

(1)功率管的选择

根据工作频率选择功率管的类型:①20kHz 以下选普通低频功率管;②20～50kHz 选开关功率管;③50kHz 以上、10kW 以内选功率 MOSFET;④大功率应用选 IGBT。根据设计要求,可选用功率 MOSFET。

(2)滤波电感的设计

① Buck 模式下滤波电感 L 的计算。已知 $V_{\text{in}}=24\text{V}$,$V_{\text{out}}=12\text{V}$,$\Delta V=50\text{mV}$,$I_{\text{o}}=5\text{A}$,$f=100\text{kHz}$,由式(14-1)可得:$L>L_B=6\times10^{-6}\text{H}$;

② Boost 模式下滤波电感 L 的计算。已知 $V_{\text{in}}=7.2\text{V}$,$V_{\text{out}}=24\text{V}$,$\Delta V=50\text{mV}$,$I_{\text{o}}=0.69\text{A}$,$f=100\text{kHz}$,由式(14-3)可得:$L\geqslant L_B=1.1\times10^{-5}\text{H}$。

(3)电容 C 的选取

如果需要减小输出纹波电压,则需在设计上确保低通滤波器的转折频率值远小于变换器工作频率,即 LC 值越大,纹波越小。根据系统所能容忍的纹波电压规格即可算出输出滤波电容大小。

① Buck 模式下电容 C_2 的计算。已知 $V_{\text{in}}=24\text{V}$,$V_{\text{out}}=12\text{V}$,$\Delta V=50\text{mV}$,$L=6\times10^{-6}\text{H}$,$f=100\text{kHz}$,由式(14-2)可得:$C_2=0.0025\text{F}$。

② Boost 模式下电容 C_1 的计算。已知 $V_{\text{in}}=7.2\text{V}$,$V_{\text{out}}=24\text{V}$,$\Delta V=50\text{mV}$,$I_{\text{o}}=0.69\text{A}$,$L=6\times10^{-6}\text{H}$,$f=100\text{kHz}$,由式(14-4),可得:$C_1>10.79\times10^{-3}\text{F}$。

2. 控制电路设计方案

采用电压电流双闭环 PWM 控制方式,外环为电压控制,内环为电流控制。

Buck 模式：蓄电池充电，控制模式如图 16-3 所示，输出电压参考值 V_{bat}^* 减去输出电压实际值 V_{bat}（V_2 侧）的差值通过电压环 PI 放大，输出值作为电流环的给定 I_{bat}^*，采集蓄电池电流 I_{bat}，与给定值 I_{bat}^* 相减后通过电流环 PI 放大，输出值与载波通过 PWM 比较器，生成 PWM 波驱动开关管 Q1。

图 16-3　Buck 模式下电压电流双闭环 PWM 控制方式

Boost 模式：蓄电池放电，控制模式如图 16-4 所示。输出电压参考值 V_{dc}^* 减去输出电压实际值 V_{dc}（V_1 侧）的差值通过电压环 PI 放大，输出值作为电流环的给定 I_{dc}^*，采集蓄电池电流 I_{dc}，与给定值 I_{dc}^* 相减后通过电流环 PI 放大，输出值与载波通过 PWM 比较器，生成 PWM 波驱动开关管 Q2。

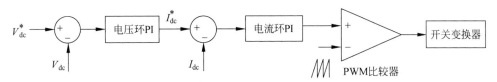

图 16-4　Boost 模式下电压电流双闭环 PWM 控制方式

3. MATLAB/Simulink 建模与仿真

图 16-5 是双向 Buck-Boost 电路在 Buck 模式下的仿真电路图，蓄电池选铅酸蓄电池，参数设置如图 16-6 所示。因为 Buck 模式为充电模式，所以设置电荷初始状态（Initial state-of-charge）为 80％。其余参数设置如表 16-1 所示。

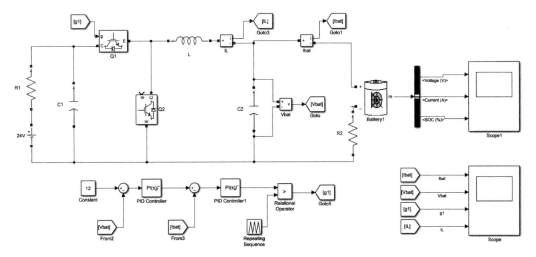

图 16-5　双向 Buck-Boost 电路（Buck 模式）仿真电路图

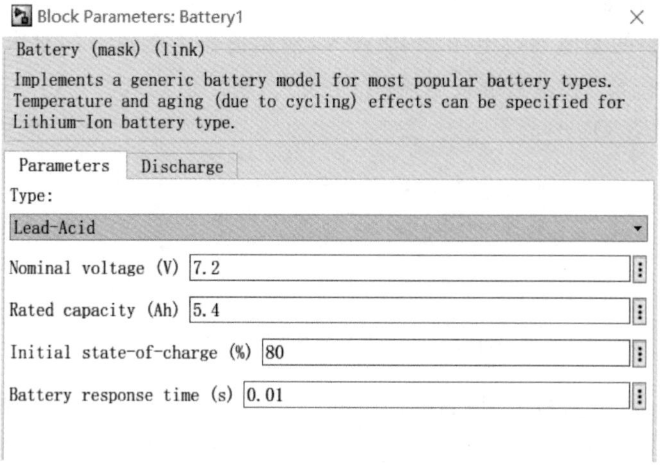

Block Parameters: Battery1
Battery (mask) (link)
Implements a generic battery model for most popular battery types.
Temperature and aging (due to cycling) effects can be specified for
Lithium-Ion battery type.
Parameters
Discharge
Type:
Lead-Acid
Nominal voltage (V) 7.2
Rated capacity (Ah) 5.4
Initial state-of-charge (%) 80
Battery response time (s) 0.01

图 16-6 蓄电池参数设置对话框(Buck 模式)

表 16-1 双向 Buck-Boost 电路仿真参数设置(Buck 模式)

参　量	数　值
输入电压	24V(高压侧)
输出电压	12V(低压侧)
R_1	1e−3Ω
R_2	1Ω
C_1	10.79e−3F
C_2	0.0025F
L	1.1e−5H

图 16-7 为双向 Buck-Boost 电路(Buck 模式)中的蓄电池仿真波形,从上到下波形分别对应蓄电池电压、蓄电池电流和蓄电池电荷状态(SOC)。从图 16-7 可以看出,蓄电池处于充电状态,电流为负值(充电),电荷量增加(SOC 上升)。

<Voltage (V)>
8
7.9
7.8
7.7
<Current (A)>
10
0
-10
<SOC (%)>
80.04
80.02
80
0
0.2
0.4
0.6
0.8
1
1.2
1.4
1.6
1.8
2

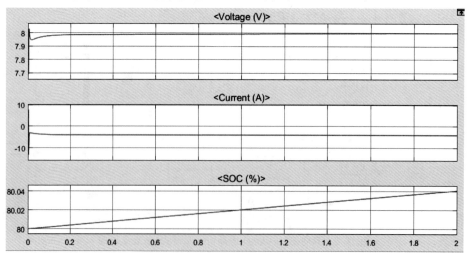

图 16-7 双向 Buck-Boost 电路(Buck 模式)中的蓄电池仿真波形

图 16-8 为双向 Buck-Boost 电路(Buck 模式)仿真波形图,4 个波形分别对应双向 Buck-Boost 电路输出电流 I_{bat}、输出电压 V_{bat}、驱动信号 g_1 和电感电流 I_L。从图 16-8 可以看出,充电模式下电压为恒定值,驱动信号占空比与理论设计基本一致。

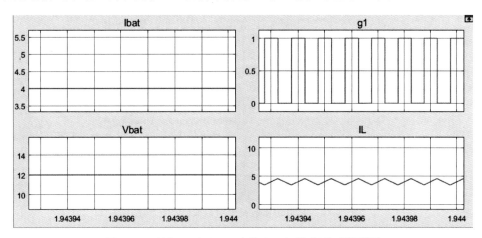

图 16-8 双向 Buck-Boost 电路(Buck 模式)仿真波形图

图 16-9 是双向 Buck-Boost 电路在 Boost 模式下的仿真电路图,蓄电池参数设置如图 16-10 所示。因为 Boost 模式为放电模式,所以设置电荷初始状态(Initial state-of-charge)为 100%。其余参数设置如表 16-2 所示。

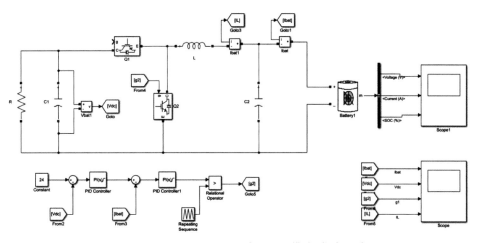

图 16-9 双向 Buck-Boost 电路(Boost 模式)仿真电路图

表 16-2 双向 Buck-Boost 电路仿真参数设置(Boost 模式)

参　　量	数　　值
输入电压	7.2V(低压侧)
输出电压	24V(高压侧)
R	36Ω
C_1	10.79e−3F
C_2	0.0025F
L	1.1e−5H

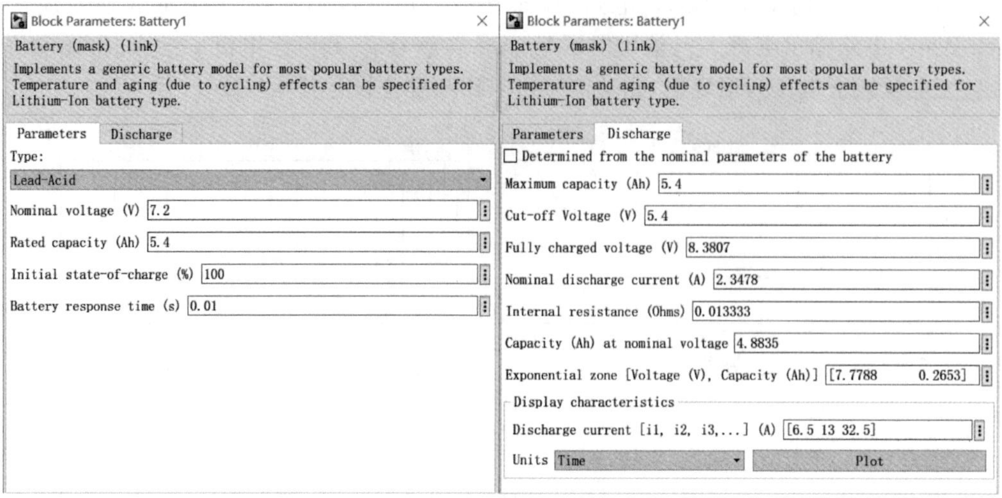

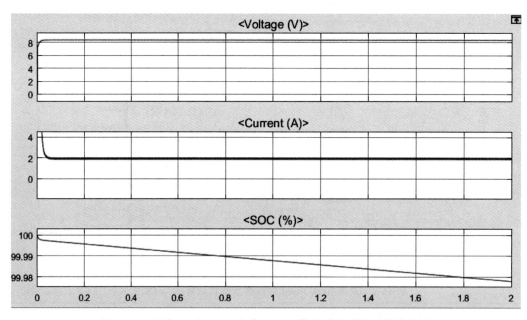

图 16-10　蓄电池参数设置对话框(Boost 模式)

　　图 16-11 为双向 Buck-Boost 电路(Boost 模式)中的蓄电池仿真波形,从上到下波形分别对应蓄电池电压、蓄电池电流和蓄电池电荷状态(SOC)。从图 16-11 可以看出,蓄电池处于放电状态,蓄电池电压比额定电压高是因为设置的电荷初始状态为 100%,电流为正值(放电),电荷量减小(SOC 下降)。

图 16-11　双向 Buck-Boost 电路(Boost 模式)中的蓄电池仿真波形

　　图 16-12 为双向 Buck-Boost 电路(Boost 模式)仿真波形图,4 个波形分别对应双向 Buck-Boost 电路输入电流 I_{bat}、输出电压 V_{dc}、驱动信号 g_2 和电感电流 I_L。从图 16-12 可以看出,满载情况下输出电压达到设计要求。

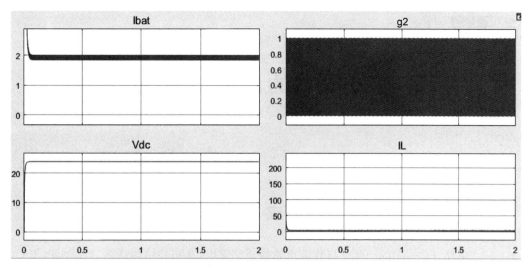

图 16-12　双向 Buck-Boost 电路(Boost 模式)仿真波形图

16.4　思考与实践

（1）搭建一个双向 Buck-Boost 仿真模型来实现两种模式的选择与仿真（可采用断路器模块等辅助模块）。

（2）还有哪些双向 DC-DC 拓扑能够实现蓄电池的充放电？这些拓扑的优缺点分别是什么？

第**17**章

逆变电路的设计与应用

17.1 应 用 背 景

逆变电路(DC-AC)的功能是把直流电转换成交流电,其拓扑结构众多,广泛应用于工业生产、电力系统、新能源发电、交通运输等领域。图 17-1 为光伏发电并网系统结构图,主功率拓扑采用两级功率结构,后级为 DC-AC 逆变器,负责中间直流母线电压的控制以及并网逆变。

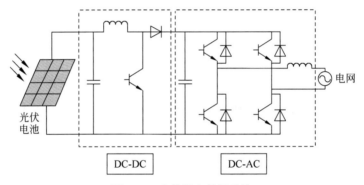

图 17-1　光伏发电并网系统

17.2 实 践 目 标

(1) 了解基本逆变电路的拓扑结构及其应用场合。

(2) 能够掌握三相电流跟踪型逆变器的工作原理,能根据给定的技术指标完成参数设计,能搭建闭环控制仿真模型并分析仿真结果。

17.3 实 践 内 容

设计一个三相电流跟踪型逆变器,输入电压 $U_d=200\text{V}$,输出三相交流电,带对称负载 $R=0.5\Omega,L=0.5\text{mH}$。

1. 主电路原理分析

图 17-2 中的三相逆变电路为三相电压型桥式逆变电路,其基本工作方式为 180°导电方

式,每个桥臂的导电角度为 180°,同一相上下两个桥臂互补导通,各相导电角度相差 120°。

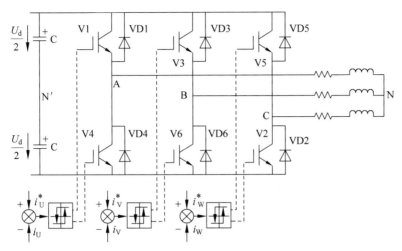

图 17-2　三相电流跟踪型 PWM 逆变电路

2. 控制电路设计方案

电流跟踪一般采用滞环控制,当逆变器输出电流与给定电流的偏差超过一定值时,改变逆变器的开关状态,使逆变器输出电流增加或减小,将输出电流与给定电流的偏差控制在一定范围内。如图 17-3 所示为滞环比较方式,把电流给定值 i^* 和实际电流 i 做比较,差值 $(i^* - i)$ 作为滞环比较器的输入,通过环宽为 $2\Delta I$ 的滞环比较器的控制,i 就在 $(i^* + \Delta I)$ 和 $(i^* - \Delta I)$ 的范围内跟踪 i^*。环宽对跟踪性能影响较大,应合理设置。环宽过窄,器件开关频率过高,开关损耗增大;环宽太宽,器件开关频率低,误差增大。

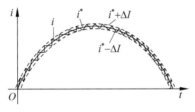

图 17-3　滞环比较方式

图 17-2 中的三相逆变电路可以看作 3 个单相逆变电路组成,以 A 相为例,V1(或 VD1)导通时 i 增大,V4(或 VD4)导通时 i 减小。所以,当 $i > (i^* + \Delta I)$ 时,V1 关断,V4 导通,电流 i 下降;当 $i < (i^* - \Delta I)$ 时,V4 关断,V1 导通,电流 i 上升。

3. MATLAB/Simulink 建模与仿真

图 17-4 为三相电流滞环控制逆变器仿真模型,输入直流电压为 200V,桥臂开关器件选择 IGBT/Diodes,负载 $R = 0.5\Omega$,$L = 0.5\text{mH}$。

图 17-5 为滞环控制器分支电路,正弦波模块 Amplitude 取值 20,Frequence 取值 2 * pi * 50。图 17-6 为每组滞环控制器参数设置情况,滞环模块宽度取值不等是为同一相上下桥臂开关交替导通时留有"死区时间"。仿真算法选取 ode15s。

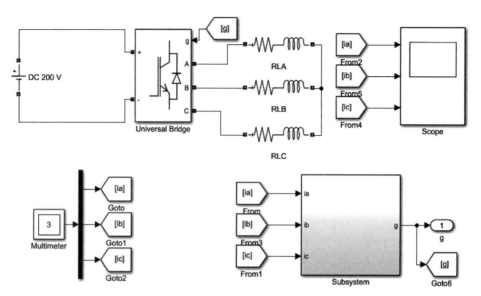

图 17-4　三相电流滞环控制逆变器仿真模型

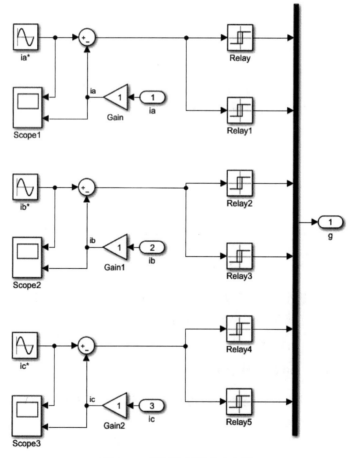

图 17-5　滞环控制器分支电路

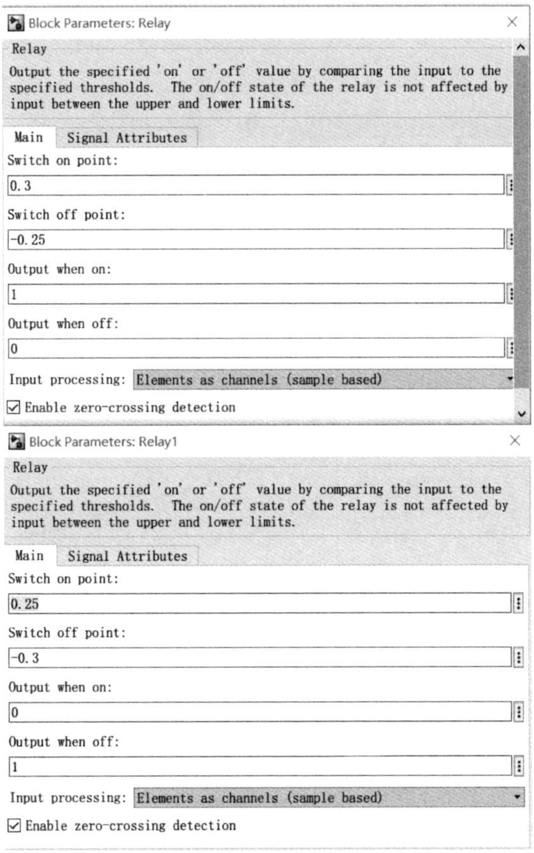

Block Parameters: Relay ✕

Relay

Output the specified 'on' or 'off' value by comparing the input to the specified thresholds. The on/off state of the relay is not affected by input between the upper and lower limits.

Main　Signal Attributes

Switch on point:

0.3

Switch off point:

-0.25

Output when on:

1

Output when off:

0

Input processing: Elements as channels (sample based)

☑ Enable zero-crossing detection

Block Parameters: Relay1 ✕

Relay

Output the specified 'on' or 'off' value by comparing the input to the specified thresholds. The on/off state of the relay is not affected by input between the upper and lower limits.

Main　Signal Attributes

Switch on point:

0.25

Switch off point:

-0.3

Output when on:

0

Output when off:

1

Input processing: Elements as channels (sample based)

☑ Enable zero-crossing detection

图 17-6　每组滞环控制器参数设置对话框

　　图 17-7 为逆变器输出三相电流信号,从波形可以看出三相电流波形大小相等、相位互差 $120°$。图 17-8 为逆变器 A 相负载电流 i_a 和电流参考信号 i_a^*,图 17-9 为逆变器 B 相负载电流 i_b 和电流参考信号 i_b^*,图 17-10 为逆变器 C 相负载电流 i_c 和电流参考信号 i_c^*,从波形可以看出,负载电流很好地跟踪了给定电流。

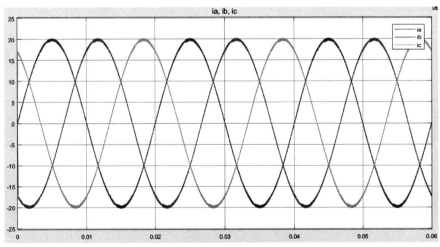

图 17-7　逆变器输出三相电流信号

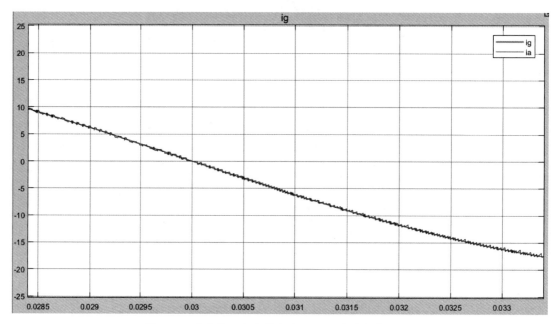

图 17-8 逆变器 A 相负载电流 i_a 和电流参考信号 i_a^*

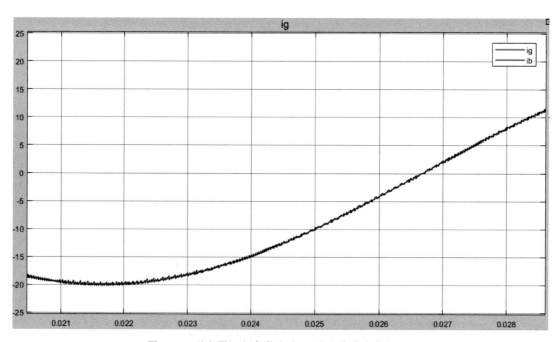

图 17-9 逆变器 B 相负载电流 i_b 和电流参考信号 i_b^*

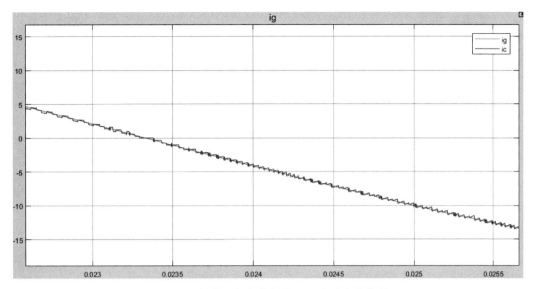

图 17-10 逆变器 C 相负载电流 i_c 和电流参考信号 i_c^*

17.4 思考与实践

电流跟踪效果是否与负载的取值相关?

第18章

Buck 变换器硬件电路设计

18.1 实 践 目 标

（1）掌握磁环电感的计算和制作，熟悉磁芯导磁率、截面积、平均磁路长度对电感量的影响。

（2）掌握 PWM 控制芯片 UC3842 的工作原理，会用 UC3842 搭建电压闭环 PWM 控制电路。

（3）掌握焊接、检查、测量、调试电路以及分析和排除电路故障的方法。

18.2 实 践 内 容

利用 UC3842 设计一个电压单闭环 PWM 控制的 Buck（降压型）DC-DC 变换电路，输入 $U_{in}=18V$，输出 $U_o=5V$，$I_o=1A$，$f=50kHz$。

1. 主电路原理分析与设计

图 14-4 为 Buck 电路原理图，主电路需要选取的器件有开关管 V、二极管 VD、电感 L 和电容 C。

（1）功率管和续流二极管的选择

当开关管 V 导通时，二极管 VD 不通，VD 承受的电压为 $-U_{in}$；当开关管 V 截止时，V 承受的电压为 U_{in}。因此，开关管 V 和二极管 VD 在工作过程中所要耐受的电压大小为 U_{in}。开关管 V 和二极管 VD 的电流平均值分别为：$I_V=DI_o$，$I_{VD}=(1-D)I_o$。

开关管 V 和二极管 VD 的电流有效值计算公式分别见式（18-1）和式（18-2）：

$$I_{Vrms}=\sqrt{I_o^2+\frac{1}{12}\left[\frac{U_o}{L}(1-D)T\right]^2}\sqrt{D} \qquad (18-1)$$

$$I_{VDrms}=\sqrt{I_o^2+\frac{1}{12}\left[\frac{U_o}{L}(1-D)T\right]^2}\sqrt{1-D} \qquad (18-2)$$

结合工作频率，可选用功率 MOSFET（IRF9540），二极管选取肖特基二极管 SS34。图 18-1 为 IRF9540N 和 SS34 实物图。

（2）滤波电感的计算与制作

由式（14-1）可计算出滤波电感值：$L>L_B=3.61\times10^{-5}H$，取 $L=50\mu H$。用磁环绕制

图 18-1　IRF9540N 和 SS34 实物图

(a) IRF9540N；(b) SS34

电感量 $L=50\mu H$ 的电感。磁芯线圈电感有两种：一种是磁芯磁导率较低，没有气隙的闭合磁路；另一种是磁芯磁导率很高，带有气隙的磁路。设计中使用环形磁芯制作电感。

图 18-2 为环形磁芯实物图与结构图。电感计算公式见式(18-3)：

$$L = N^2 \frac{\mu_0 \mu_r S}{l} \tag{18-3}$$

式中，N 为匝数；μ_0 为真空磁导率，$\mu_0=4\pi\times10^{-7}$ H/m；μ_r 为相对磁导率，H/m；S 为磁芯截面面积，m^2；L 为平均磁路长度，m。

如果要求解电感量 $L=50\mu H$ 的电感绕制的匝数 N，必须知道相对磁导率 μ_r。可以先在磁芯上绕制 10 圈，用仪器测量出相应的电感值，由于磁环结构参数已知，从而可以求解出相对磁导率 μ_r，再根据需要计算绕制 $50\mu H$ 电感应绕多少匝。

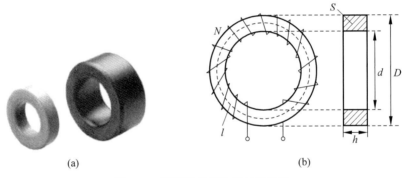

图 18-2　环形磁芯实物图与结构图

(a) 实物图；(b) 结构图

(3) 电容 C 的选取

根据系统所能容忍的纹波电压规格即可算出输出滤波电容大小。假设纹波电压为 0.1V，由式(14-2)可计算出滤波电容 $C=50\times10^{-6}$F。实际选取 $C=1000\mu F/16V$ 的电解电容。

2. 控制电路设计方案

采用 UC3842 作为控制芯片，图 18-3 为 UC3842 的引脚图和内部结构图。UC3842 是高性能电流模式控制器，专为 DC-DC 变换器应用而设计，是驱动功率 MOSFET 的理想器件。电压环原理图如图 18-4 所示，采集输出电压，输出电压与电压基准值相减的差值通过误差放大器放大后与锯齿波(引脚 4 设置 R_T 和 C_T 产生，$f=1.72/R_T C_T$)相交，产生 PWM 信号。

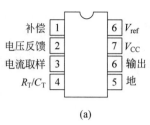

(a)

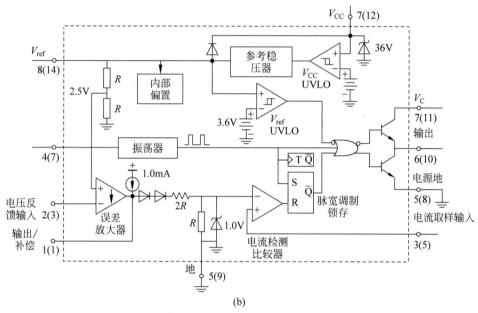

(b)

图 18-3 UC3842 引脚图和内部结构图

（a）引脚图；（b）内部结构图

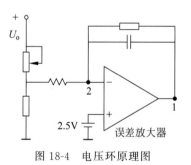

图 18-4 电压环原理图

3. 硬件原理图与 PCB 图的绘制

根据设计要求，利用软件 Altium Designer 绘制出电路硬件原理图。图 18-5 为 Buck 电路电压单闭环控制硬件原理图，图 18-6 为对应的 PCB 图。

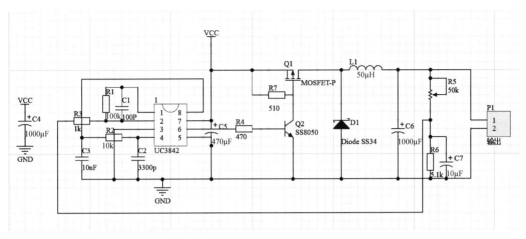

图 18-5　Buck 电路电压单闭环控制硬件原理图

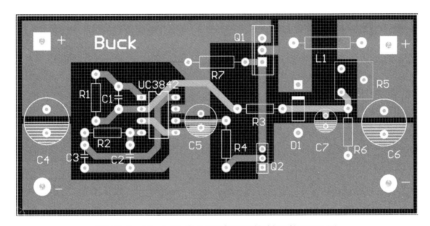

图 18-6　Buck 电路电压单闭环控制硬件 PCB 图

18.3　思考与实践

（1）绘制硬件原理图并制作对应 PCB 板，完成元器件的焊接。

（2）按空载、半载、满载的顺序调试电路板，调试过程中需要注意哪些事项？

（3）输入电压为 16V 的情况下，如果出现输出电压为 16V 或 0V 的情况，请分析可能是哪些原因造成的？

参 考 文 献

[1] 阮新波.电力电子技术[M].北京：机械工业出版社,2021.

[2] 丁道宏.电力电子技术[M].2 版.北京：航空工业出版社,1999.

[3] 赵修科.实用电源技术手册——磁性元器件分册[M].北京：科学出版社,2002.

[4] 王兆安,刘进军.电力电子技术[M].5 版.北京：机械工业出版社,2013.

[5] 刘闯.航空电机学[M].北京：科学出版社,2017.

[6] 于广艳,吴和静,张尔东,等.MATLAB 简明实例教程[M].南京：东南大学出版社,2016.

[7] 惠晶,颜文旭.新能源发电与控制技术[M].3 版.北京：机械工业出版社,2018.

[8] 刘树林,刘健.开关变换器分析与设计[M].北京：机械工业出版社,2010.

[9] 张卫平.开关变换器的建模与控制[M].北京：机械工业出版社,2019.

[10] ［法］克里斯多夫·巴索(Christophe Basso).开关电源控制环路设计[M].张军明,等译.北京：机械工业出版社,2019.

[11] 魏艳君.电力电子电路仿真——MATLAB 和 PSpice 应用[M].北京：机械工业出版社,2012.

[12] 顾春雷,陈中,陈冲.电力拖动自动控制系统与 MATLAB 仿真[M].2 版.北京：清华大学出版社,2016.

[13] 凌禹.双馈风力发电系统的建模、仿真与控制[M].北京：机械工业出版社,2017.

[14] ［美］沙欣·费利扎德(Shaahin Filizadeh).电机及其传动系统——原理、控制、建模和仿真[M].杨立永,译.北京：机械工业出版社,2015.

[15] 张赛,梁志强,郭永铁.基于 Ansoft Maxwell 的永磁调速器有限元分析[J].河南科技学院学报(自然科学版),2020,48(1)：72-78.

[16] 林传霖.电动汽车用永磁同步电动机的设计与研究[D].福州大学,2017.

[17] 高响,王步来,陈雪琴,等.永磁同步电动机电磁场的有限元分析[J].电机技术,2014,(04)：23-25＋28.